大数据技术系列丛书

大数据技术科普2

——大数据采集、存储与管理

主 编　靳大尉

参 编　崔 静　程 恺　别 林

西安电子科技大学出版社

内 容 简 介

本书是大数据技术普及系列读物之一，主要涉及大数据采集、分布式文件存储和非关系型数据管理等内容。全书共 6 章，每章一个专题，按照大数据运用流程，从网页和日志文件两种常用的大数据采集方法入手，介绍了分布式文件存储、NoSQL 数据库基础理论和 4 种 NoSQL 数据库技术。针对特定技术选择了一款最典型的产品进行诠释，先后对 Python 语言中的 Requests 和 BeautifulSoup 包，Hadoop 生态中的 Flume、HDFS 和 HBase，以及 Redis、MongoDB 和 Neo4j 等产品进行了介绍。在每章结构上，按照要做什么(需求背景)、是什么(产品功能和特性)、为什么(体系结构/数据模型)和怎么做(基本操作) 4 个方面递进展开，内容相对独立，方便读者根据自身需要选择章节进行阅读。

全书内容相对浅显，具有较强的可读性，适合对大数据技术感兴趣，希望从技术和产品层面对大数据采集、存储和管理进行初步学习的读者阅读。

图书在版编目(CIP)数据

大数据技术科普.2，大数据采集、存储与管理 / 靳大尉主编. --西安：西安电子科技大学出版社，2023.6
ISBN 9787560668178

Ⅰ．①大…Ⅱ．①靳…Ⅲ．①数据处理—普及读物②数据采集—普及读物③数据存储—普及读物 Ⅳ．①TP274②TP333

中国国家版本馆 CIP 数据核字(2023)第 041316 号

策　　划　戚文艳　李鹏飞
责任编辑　李鹏飞
出版发行　西安电子科技大学出版社(西安市太白南路 2 号)
电　　话　(029)88202421　88201467　　　　邮　　编　710071
网　　址　www.xduph.com　　　　　　　电子邮箱　xdupfxb001@163.com
经　　销　新华书店
印刷单位　咸阳华盛印务有限责任公司
版　　次　2023 年 6 月第 1 版　　2023 年 6 月第 1 次印刷
开　　本　787 毫米×1092 毫米　1/16　印 张　8.25
字　　数　147 千字
印　　数　1～2000 册
定　　价　32.00 元

ISBN 978-7-5606-6817-8 / TP

XDUP　7119001-1

如有印装问题可调换

前　　言

近年来，"大数据"一词成为人们生活中的高频词。无论在教育界，还是工业界，乃至政府机关，在诸多正式或非正式的场合，都涉及大数据的学习与应用。编者认为，对"大数据"至少应从数据、技术和理念三个层面来理解。在数据层面，大数据就是一堆数据，即超出传统系统处理能力的海量数据；在技术层面，大数据背后有一系列的技术和产品支撑，包括数据的采集、存储、管理和分析挖掘等；在理念层面，大数据就是"以数据为大"，小企业注重分析挖掘数据价值，大企业数据视为核心资产。

从数据和理念层面来看，大数据已为人所熟知，但技术层面则因其专业性强，阅读门槛高，很多概念、产品和知识尚需推广普及。本书采用简单易懂的科普方式，将大数据采集、分布式文件存储、各种新型数据库管理技术等知识呈现给读者。在整体内容上，本书涵盖网络爬虫、日志文件采集、分布式文件存储、NoSQL 技术、文档数据库、列族数据库和图数据库等知识，覆盖了大数据的采集、存储和管理的方方面面。

本书编写时特别注意了 3 点。一是每章在内容上相对独立，每章都可以独立地作为一个专题，而不需要其他章节内容的支撑。当然，如果能够按顺序阅读，体验会更好。二是选择主流、典型的开源产品来阐述特定技术。例如，分布式文件存储的 HDFS、列族数据库 HBase、文档数据库 MongoDB 和图数据库 Neo4j 等，都是本领域最为流行的开源产品。针对某种产品，选择其次新版进行介绍，兼顾了时效性和稳定性。三是辅以必要的操作来"感性"地体现产品的特性和功能，操作流程和结果体现"知其然"；对一些经典的产品如 HDFS 和 HBase，还给出了一些"所以然"的知识，供读者深入阅读。

本书适合对大数据技术感兴趣，希望从技术层面对大数据采集、存储和管理技术有初步了解的学生和企事业工作人员阅读，也可作为计算机相关人员的补充读物。

本书所涉及的内容都是目前工业界流行的技术和产品，相关资料众多，加之编者水平有限，书中可能还存在不足之处，恳请广大读者不吝赐教。

编　者

2023 年 2 月

目 录

第 1 章

大数据采集

1.1　概　　述

大数据采集是主动获取海量数据的技术手段。根据不同的采集数据源对象进行分类，大数据采集可以分为数据库采集、系统日志采集、网络数据采集和感知数据采集。

1. 数据库采集

目前中小企业都建立了自己的业务信息系统，如进销存管理系统、财务系统、企业资源计划(ERP)系统等。这些系统在企业日常业务运转中发挥着重要作用，也产生了大量业务数据。当企业达到一定规模时，就需要对这些分散在各个部门、各个系统的数据进行采集、整合和分析利用，建立本单位的"数据池"和数据仓库，为企业业务发展和决策提供信息参考。这些系统多采用常见的关系型数据库来存储数据，如 MySQL、Oracle 和 SQL Server 等；也有很多互联网企业和新上线的系统采用非关系型数据库产品，如 MongoDB、Neo4j 等。

2. 系统日志采集

业务数据除了存储在数据库中，还会以文件形式直接存储，主要是很多大型公司业务平台日常产生的大量日志数据。例如：新浪、央视网等网站的日志要记录每名用户点击的页面地址、访问时间、用户 IP 等信息；百度的搜索日志要记录用户搜索的关键词、访问时间、检索结果和点击历史等数据；淘宝的用户行为日志要记录用户访问的店铺、商品、浏览时长等数据。这些数据产生的频率高、数据量非常大，实时存储于数据库的效率不高，多通过日志文件直接存储，后续再使用专门的采集功能进行处理，供大数据分析系统使用。上述提到的互联网公司日志文件的产生速度非常快，每小时可达数太字节(TB)乃至数百太字节的规模。系统日志采集工具均采用分布式架构，具有高可用性、高可靠性、可扩展性的基本特征，能够满足每秒数百兆字节(MB)的日志数据采集和传输需求。

3. 网络数据采集

随着互联网特别是移动互联网的迅速发展，网络数据成为大数据的重要来源。例如，人们日常发表的微博和公众号文章、人民网更新的新闻、淘宝网上架的新产品等，每天有无数的信息在网络上产生。网络数据采集是指通过网络爬虫(Spider)或网站公开访问接口等方式从网站上获取数据信息。以常见的网络爬虫为例，网络数据采集即从一个或若干初始网页地址开始，获得各个网页上的内容，并且在抓取网页的过程中，不断从当前页面上抽取新的网页地址进行爬取，直到满足设置的停止条件为止。

4. 感知设备数据采集

感知设备数据采集是指通过传感器、摄像头和其他智能终端自动采集信号、图片或录像来获取数据。人们生活的网络社会，除了常常主动连接的互联网，还有被动接入的"天网"和"地网"。"天网"即架在高处的摄像头，在学校、街道、商店、网吧、医院乃至家庭等场所，摄像头无处不在。"地网"指处在低位的传感器设备，如行驶的汽车上的摄像头、运动手环(表)和带网络功能的电饭煲、马桶盖、冰箱等。感知设备数据采集系统需要实现对感知数据的智能化识别、定位、跟踪、接入、传输、信号转换、监控、初步处理和管理等。

在 4 种数据源中，数据库采集主要采集结构化数据，而系统日志、网络数据和感知设备数据采集多以半结构化和非结构化数据采集为主。结构化、半结构化和非结构化数据是以数据有没有严格的模式(Schema)来划分的。模式可以理解成数据的格式定义。假设一张学籍表，有姓名、学号、籍贯、出生日期 4 种数据且不允许为空值，则每条数据都会含有 4 种数据，不能也无法插入新的"成绩"数据，这就是严格的模式约束，即结构化数据。同理，非结构化数据没有格式约束，常常以图像、文字、声音、视频等形式出现。半结构化数据介于两者之间，有一定的约束，但不严格，如 XML 文件数据。

数据获取的方式逐渐从人工变为自动或半自动方式，使得原始数据(或称一手数据)得到爆炸式增长。数据采集方式的重点也由直接获取各领域的原始数据，变为采集、接入、汇聚各类型的原始数据，从而融合形成大数据。

本书将重点介绍基于网络爬虫的网络数据采集和基于 Flume 的日志文件采集。

大数据采集与传统数据采集的主要区别如下：

(1) 在数据来源上，传统数据采集是获取原始数据，更多的是"一手数据"；

而大数据采集则更偏重对文件、数据库、网络包等原始数据的汇聚,很多时候是对"一手数据"的"二次利用"。

(2) 在数据量上,传统数据采集数据量较小,数量级一般为 MB(兆字节)或 GB(吉字节);大数据采集的数据则可达 TB(太字节)乃至 PB(拍字节)、ZB(泽字节)。

(3) 在数据结构上,传统数据采集结构相对单一,每个系统或应用负责采集单一的关系型数据库或图文声像等非结构化数据,而大数据采集是对多源异构原始数据的汇聚处理。

(4) 在数据处理模式上,传统数据采集以单机应用为主,大数据采集则考虑到容量、性能等因素,主要以分布式方式完成。

1.2　网页数据的爬取

1.2.1　网络爬虫概述

1. 网络爬虫的分类

网络爬虫又称为网页蜘蛛或网络机器人,是一种按照一定规则来自动抓取互联网信息的程序或者脚本。它可以被看成一种用来自动浏览、下载互联网 Web 网页的网络机器人。网络爬虫技术最初出现于 Google(谷歌)、Baidu(百度)等搜索公司,这些公司通过成千上万的爬虫在互联网上爬取海量的网页信息,然后生成索引供用户快速搜索。现在网络爬虫已经成为应用最为广泛的大数据采集技术之一。

网络爬虫可以将非结构化数据从网页中抽取出来,将其存储为统一的本地数据文件,并以结构化的方式存储。该方法支持图片、音频、视频等文件或附件的采集,附件与正文可以自动关联。在互联网时代,网络爬虫主要是为搜索引擎提供最全面和最新的数据,目前也越来越多地为各种垂直应用和特定领域提供数据采集服务。

目前已经知道的各种网络爬虫有数百种,可以按照不同的分类规则进行分类。按照爬取的策略,网络爬虫可以分为批量型、增量型和通用型 3 种。

(1) 批量型网络爬虫。批量型网络爬虫有比较明确的抓取范围和目标,当爬虫达到这个设定的目标后,即停止抓取。至于具体目标,可能各异,如设定抓取一定数量的网页、设定抓取的时间等。

(2) 增量型网络爬虫。增量型网络爬虫与批量型网络爬虫不同,它会持续不断地抓取,而对于抓取到的网页,则定期更新,因为互联网网页处于不断变化中;

它可以在一定程度上确保所爬取的网页是较新的网页。增量型网络爬虫只会在需要的时候爬取新产生或发生更新的网页，并不重新下载没有发生变化的网页，可有效减少数据下载量，及时更新已爬取的网页，减少时间和空间上的耗费，但是加大了爬取算法的复杂度和实现难度。

(3) 通用型网络爬虫。通用型网络爬虫也叫全网爬虫，它是搜索引擎抓取系统的重要组成部分，主要为门户网站站点搜索引擎和大型 Web 服务提供商采集网络数据。这类网络爬虫的爬取范围极大，对于爬取速度和储存空间要求较高，对于爬取网页的顺序要求相对较低，同时因为待刷新的网页过多，通常采用并行工作方式，但长时间才能刷新一次网页。

按照爬虫实现的编程语言和功能强弱，网络爬虫工具可以分为大型分布式网络爬虫和单机版网络爬虫。大型分布式网络爬虫一般有完整的爬取、处理和存储策略及其实现，功能完备，安装配置较复杂，如 Apache 基金会下的顶级项目 Nutch。大名鼎鼎的 Hadoop 分布式文件系统 HDFS 的前身就是 NDFS(Nutch 分布式文件系统)，是 Nutch 项目下专门解决爬取网页及索引数据存储的子项目。单机版网络爬虫则实现简单，能够完成基本的爬取策略配置工作，如 Crawler4j、WebMagic 等，都是以 Java 语言开发的。目前流行的 Python 语言也有很多简单高效的爬虫库，如 Requests、Bs4、Scrapy 等。

2. 网络爬虫的主要功能

网络爬虫可以自动采集所有其能够访问到的网页内容，为搜索引擎和大数据分析提供数据来源。从功能上来看，网络爬虫一般有网页数据采集、处理和存储 3 部分功能。

网页中除了包含供用户阅读的文字信息外，还包含一些超链接信息。网络爬虫系统正是通过网页中的超链接信息不断获得网络上的其他网页的。网络爬虫从一个或若干个初始网页的 URL(统一资源定位符，可以简单理解为网页地址) 开始，获得其他网页上的 URL，在抓取网页的过程中，不断从当前网页上抽取新的 URL 放入队列，直到满足系统的一定停止条件。

网络爬虫系统一般会选择一些比较重要的、出度(网页中链出的超链接数，可以理解为导航多的站点)较大的网站的 URL 作为种子 URL。网络爬虫系统以这些种子 URL 作为初始 URL，开始数据的抓取。因为网页中含有链接信息，通过已有网页的 URL 会得到一些新的 URL。

如图 1-1 所示，网络爬虫的基本工作流程如下：
(1) 选取一部分种子 URL。

（2）将这些 URL 放入待抓取的 URL 队列。

（3）从待抓取的 URL 队列中读取待抓取 URL，解析 DNS，得到主机的 IP 地址，并将 URL 对应的网页下载下来，存储到已下载网页库中。此外，将这些 URL 放进已抓取的 URL 队列。

（4）分析已抓取 URL 队列中的 URL，分析其中的其他 URL，并且将这些 URL 放入待抓取 URL 队列，从而进入下一个循环。

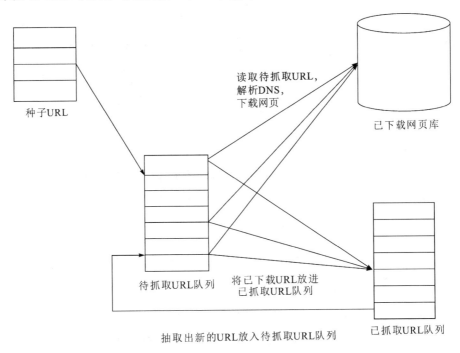

图 1-1　网络爬虫的基本工作流程

1.2.2　网络爬虫的实现

网络爬虫的实现分为 3 步，分别解决"到哪爬""爬什么""怎么爬"3 个问题。

1. 到哪爬——URL 的组成

常见的 Web 网页的 URL 由 4 部分组成，即"协议名://主机名[:端口号][/路径]"。一个完整的 URL 组成部分实例如图 1-2 所示。其中，协议名和主机名是必选项，端口号和路径是可选项。协议名在万维网中一般是 HTTP 或 HTTPS 协议；主机名多为域名或 IP 地址形式；端口号若是协议默认的端口号，如 HTTP 中对应的 80 端口，HTTPS 对应的 443 端口，则可以省略，不用输入；路径名是具体的访问子路径，则可以精确定位到要访问的具体内容。例如，要访问新浪新闻的国际频道，完整的 URL 是 http://news.sina.com.cn:80/world。

协议名://主机名 [:端口号][/路径]

http://news.sina.com.cn:80/world

图 1-2 URL 的组成实例

实际上网时，因为 HTTP 协议默认是 80 端口，浏览器都能按默认协议和端口读取，在地址栏输入时可以省略 HTTP 关键字和端口，而直接输入"news.sina.com.cn/world"。再比如，要进行百度搜索，可以在浏览器地址栏输入"www.baidu.com"，实际上浏览器则会解释为"http://www.baidu.com:80"。打开一个具体的网页，如新浪网的一则新闻时，会看到地址栏的 URL 变为形如"https://mil.news.sina.com.cn/2022-08-18/doc-imizmscv6726223.shtml"的样子。

2. 爬什么——网页结构

确定了 URL，就可以访问具体的网页内容了。网页一般由 3 部分组成，分别是 HTML(Hyper Text Markup Language，超文本标记语言)、CSS(Cascading Style Sheets，层叠样式表)和 JS 模块(JavaScript，活动脚本语言)。

1) HTML 标记语言

以百度主页为例，打开浏览器，在地址栏输入"www.baidu.com"，然后按回车键，则返回如图 1-3 所示的界面。

图 1-3 百度主页截图

在这个页面上单击右键，选择"查看源码"功能，就可以看到这个页面的源码。该网页源码多达 1000 多行，部分源码如图 1-4 所示。

```
<!DOCTYPE html><!--STATUS OK-->

    <html><head><meta http-equiv="Content-Type" content="text/html;charset=utf-8"><meta
http-equiv="X-UA-Compatible" content="IE=edge,chrome=1"><meta content="always" name=
"referrer"><meta name="theme-color" content="#ffffff"><meta name="description" content=
"全球领先的中文搜索引擎、致力于让网民更便捷地获取信息，找到所求。百度超过千亿的中文网页数据
库，可以瞬间找到相关的搜索结果。"><link rel="shortcut icon" href="/favicon.ico" type=
"image/x-icon" /><link rel="search" type="application/opensearchdescription+xml" href=
"/content-search.xml" title="百度搜索" /><link rel="icon" sizes="any" mask href=
"//www.baidu.com/img/baidu_85beaf5496f291521eb75ba38eacbd87.svg"><link rel="dns-prefetch"
href="//dss0.bdstatic.com"><link rel="dns-prefetch" href="//dss1.bdstatic.com"><link rel=
"dns-prefetch" href="//ss1.bdstatic.com"><link rel="dns-prefetch" href="//sp0.baidu.com"/>
<link rel="dns-prefetch" href="//sp1.baidu.com"/><link rel="dns-prefetch" href=
"//sp2.baidu.com"/><title>百度一下，你就知道</title>
<style index="newi" type="text/css">#form
```

图 1-4　百度主页源码

从源码可以看出，百度公司主页网页代码里面的信息并没有全部在浏览器上显示出来，如代码里面其公司描述信息"全球领先的中文搜索引擎、致力于让网民更便捷地获取信息，找到所求。百度超过千亿的中文网页数据库，可以瞬间找到相关的搜索结果"，就没有在网页上显示出来。虽然你看到的主页样子似乎不变，但当你用"查看源码"功能窥探主页代码时，可能会得到更多不同的信息。

以同样的方法，可以打开新浪新闻、央视网的主页，查看其源码实现。所有这些主页虽然样子不同，但其源码框架结构十分相似,比如最上面都是"<html>",这就是网页背后的实现语言 HTML 的语法。

HTML 即超文本标记语言，这里有两个关键词：超文本和标记语言。所谓超文本，可简单理解成超越文本，是表示 HTML 不仅能在网页上实现文本显示，还可以描述并显示图形、动画、声音、表格、链接等多种对象。标记语言是指一种语言语法格式，即在普通文本中加入一些具有特定含义的标记(Tag)，以对文本的内容进行标识和说明的一种文件表示方法。这里的语言不是常说的中文、英文等人类交流语言，而是一种人类和计算机交流的编程语言，例如 Python、C/C++、Java等。一些特定文本，用特定标记进行规范后，浏览器就能解释并正确显示这些内容。如图 1-5 中的"<title>百度一下，你就知道</title>"，就是让浏览器在左上角显示标题信息。

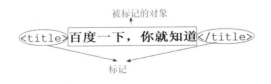

图 1-5　标题信息

HTML 是整个网页的结构，相当于整个网站的框架。"<>""</>"等符号都是 HTML 的标签，且都是成对出现的。常见的标签如下：

- <html>…</html>：表示标记中间的元素是网页。
- <body>…</body>：表示用户可见的内容。
- <div>…</div>：表示框架。
- <p>…</p>：表示段落。
- <li>…</li>：表示列表。
- <img>…</img>：表示图片。
- <h1>…</h1>：表示一级标题。
- <a href="">…</a>：表示超链接。

2) CSS 样式表

HTML 语言侧重表示网页显示数据的内容，无法定义网页数据的精确排版和格式化显示，CSS 技术则是为解决网页的多样化显示问题而出现的。CSS 即层叠样式表，简称样式表，可以定义网页背景、字体、图片、表格等对象的颜色、线条、位置等显示信息。常见的网站主题切换(如在国家公祭日很多网站主页会设置为灰色)，其实现原理就是切换了不同的样式表。以新浪网的新闻首页(http://news.sina.com.cn/)为例，代码 29～30 行表示下面引用一个 CSS 文件，在 CSS 文件中定义了网页外观显示样式，如图 1-6 所示。

```
1  <!DOCTYPE html>
2  <!-- [ published at 2020-07-28 11:27:00 ] -->
3  <html>
4  <head>
5  <meta http-equiv="Content-type" content="text/html; charset=utf-8" />
6  <title>新闻中心首页_新浪网</title>
7  <meta name="keywords" content="新闻,时事,时政,国际,国内,社会,法治,聚焦,评论,文化,教育,新视点,深度,网
   评,专题,环球,传播,论坛,图片,军事,焦点,排行,环保,校园,法治,奇闻,真情">
8  <meta name="description" content="新浪网新闻中心是新浪网最重要的频道之一,24小时滚动报道国内、国际及社
   会新闻。每日编发新闻数以万计。">
9  <meta name="robots" content="noarchive">
10 <meta name="Baiduspider" content="noarchive">
11 <meta http-equiv="Cache-Control" content="no-transform">
12 <meta http-equiv="Cache-Control" content="no-siteapp">
13 <meta name="applicable-device" content="pc,mobile">
14 <meta name="MobileOptimized" content="width">
15 <meta name="HandheldFriendly" content="true">
16 <meta content="always" name="referrer">
17 <link rel="mask-icon" sizes="any" href="//www.sina.com.cn/favicon.svg" color="red">
18 <link rel="alternate" type="application/rss+xml" href="http://rss.sina.com.cn/news/marquee/ddt.xml"
   title="新闻中心_新浪网" />
19 <meta content="always" name="referrer">
20 <meta name="stencil" content="PGLS000023" />
21 <meta name="publishid" content="1,912,1" />
22 <meta name="verify-v1" content="6HtwmypgggdgP1NLw7NOuQBI2TW8+CfkYCoyeB8IDbn8=" />
23 <meta name="msvalidate.01" content="0EBC6AF737F6405C0F32D73B4AA6A640" />
24 <meta name="apple-mobile-web-app-status-bar-style" content="black">
25 <meta name="viewport" content="width=device-width, initial-scale=1.0, minimum-scale=1.0, maximum-
   scale=1.0, user-scalable=no"/>
26 <link rel="apple-touch-icon" href="//i0.sinaimg.cn/dy/news3.png" />
27
28 <!-- id="news_web_index_v2015_style" -->
29 <link rel="stylesheet" href="//n2.sinaimg.cn/news/project/index-2020-nc-0615.css" type="text/css">
30 <link rel="stylesheet" href="//n1.sinaimg.cn/news/project/index-20180702.css" type="text/css">
31
32 <!-- AD_cross_domain -->
33 <script type="text/javascript">
34   document.domain = "sina.com.cn";
35 </script>
```

图 1-6 新浪新闻首页的源码

3)　JS 脚本

JS 即 Java 脚本语言，是一种有浏览器解释并在浏览器上运行的解释型或即时编译型的编程语言。JS 脚本语言功能十分强大，可以实现在线桌面管理、图片处理、文字编辑等各种功能。交互的内容和各种特效都在 JS 中，JS 描述了网站中的各种功能。

如果用人体来比喻，HTML 就是人的骨架，并且定义了人的头部、主干、四肢等的位置。CSS 是人的外观描述，如头发是什么颜色，眼睛是双眼皮还是单眼皮，皮肤是黑色的还是白色的等。JS 表示人具有的技能，例如跑步、跳舞或者演奏乐器等。

一个简单的 HTML 文件实例如图 1-7 所示。在这个 30 行代码的例子中，演示了 HTML 的主要标记元素。在代码的最后，插入了一段 JS 代码，显示了当前时间。

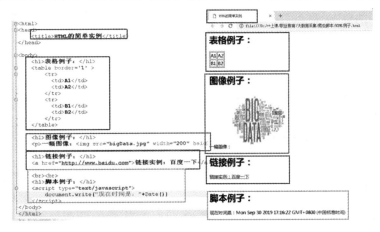

图 1-7　HTML 代码与网页元素的对应

3. 怎么爬——使用 Python 相关库获取网页内容

如图 1-8 所示，这里选用 Python 工具库进行网络爬虫技术的实现。Python 的原意是蟒蛇，是一种跨平台的计算机程序设计语言，最初被设计用于编写自动化脚本，因为容易上手和集成性的优势，现在被很多学习者作为编程入门语言的首选，也广泛应用在机器学习、数据挖掘和项目开发等领域。

图 1-8　Python 语言标识

前已述及，每个网页文件的本质都是一个有各种标记关键字定义的树形结构，要准确定位要下载的数据，实际是在这棵标记树上进行快速检索。因此，“怎么爬”的问题就可实际转换为两个子问题：第一个是如何把网页的源码下载到本地；第二个是如何在本地源码的标记树中快速找到想要的东西或过滤掉不想要的东西。

Python 语言提供了两个功能强大的第三方库分别解决了这两个问题，即 Requests 库和 Beautiful Soup(BS)库。

1) Requests 库的使用

“Request”意为请求，Python 语言提供了 Requests 库来实现基本的 HTTP 操作，那么，什么是库呢？当安装 Python 语言时，仅仅是安装了其最基本的功能，就像购买了一辆“标准版”的汽车，Python 这辆车还有很多的附加功能，需要另行购买(安装)。为什么不一下子全部安装呢？因为 Python 语言要解决的问题太多了，各种各样的库成千上万，根本无法全部安装，按需配置就行了。

Requests 库设计简洁，使用非常简单。例如，可以用 4 行代码来爬取百度的首页，第 1 行引入 Requests 库；第 2 行输入百度的网页地址，得到返回的对象；第 3 行设置字符集，支持正常显示中文；第 4 行打印显示爬取到的网页源码：

```
import requests #导入 Requests 库
page = requests.get('http://www.baidu.com/')        #Get 方式获取网页数据
page.encoding='utf-8'
print(page)
```

代码执行效果如图 1-9 所示。可以看到，百度首页的源码已经取到，但显示比较乱，也不好快速检索定位，可以使用 Beautiful Soup 库对源码进行格式解析。

```
'<!DOCTYPE html>\r\n<!--STATUS OK--><html> <head><meta http-equiv=content-type content=text/html;charset=utf-8><meta http-equiv=X-UA-Comp
atible content=IE=Edge><meta content=always name=referrer><link rel=stylesheet type=text/css href=http://s1.bdstatic.com/r/www/cache/bdor
z/baidu.min.css><title>百度一下，你就知道</title></head> <body link=#0000cc> <div id=wrapper> <div id=head> <div class=head_wrapper> <div
class=s_form> <div class=s_form_wrapper> <div id=lg> <img hidefocus=true src=//www.baidu.com/img/bd_logo1.png width=270 height=129> </div
> <form id=form name=f action=//www.baidu.com/s class=fm> <input type=hidden name=bdorz_come value=1> <input type=hidden name=ie value=ut
f-8> <input type=hidden name=f value=8> <input type=hidden name=rsv_bp value=1> <input type=hidden name=rsv_idx value=1> <input type=hidd
en name=tn value=baidu><span class="bg s_ipt_wr"><input id=kw name=wd class=s_ipt value maxlength=255 autocomplete=off autofocus></span><
span class="bg s_btn_wr"><input type=submit id=su value=百度一下 class="bg s_btn"></span> </form> </div> </div> <div id=u1> <a href=htt
p://news.baidu.com name=tj_trnews class=mnav>新闻</a> <a href=http://www.hao123.com name=tj_trhao123 class=mnav>hao123</a> <a href=htt
p://map.baidu.com name=tj_trmap class=mnav>地图</a> <a href=http://v.baidu.com name=tj_trvideo class=mnav>视频</a> <a href=http://tieba.b
aidu.com name=tj_trtieba class=mnav>贴吧</a> <noscript> <a href=http://www.baidu.com/bdorz/login.gif?login&amp;tpl=mn&amp;u=http%3A%2F%2F
www.baidu.com%2f%3fbdorz_come%3d1 name=tj_login class=lb>登录</a> </noscript> <script>document.write('<a href="http://www.baidu.com/bdor
z/login.gif?login&tpl=mn&u='+ encodeURIComponent(window.location.href+ (window.location.search === "" ? "?" : "&")+ "bdorz_come=1")+ '"
name="tj_login" class="lb">登录</a>');</script> <a href=//www.baidu.com/more/ name=tj_briicon class=bri style="display: block;">更多产品
</a> </div> </div> </div> <div id=ftCon> <div id=ftConw> <p id=lh> <a href=http://home.baidu.com>关于百度</a> <a href=http://ir.baidu.com
>About Baidu</a> </p> <p id=cp>&copy;2017 Baidu <a href=http://www.baidu.com/duty/>使用百度前必读</a>  <a href=http://jian
yi.baidu.com/ class=cp-feedback>意见反馈</a> 京ICP证030173号  <img src=//www.baidu.com/img/gs.gif> </p> </div> </div> </div> </
body> </html>\r\n'
```

图 1-9　百度首页源码获取代码执行效果

2) Bs4 库的使用

“Beautiful Soup”(BS)意为“美丽的汤”，取自英国小说《爱丽丝梦游仙境》里的同名歌词，其官网主页上的图也是小说的原版插图。使用这个库可将“平淡杂乱"的网页源码转化为"神奇规整"的数据格式。

　　Beautiful Soup 库的使用很简单，即首先引入这个库，然后对 Requests 得到的网页源码进行 HTML 解析，最后以可读方式打印，就可以看到代码已经有了缩进等格式，如图 1-10 所示。

```
import requests

from bs4 import BeautifulSoup

req = requests.get("http://www.baidu.com")

req.encoding = 'utf-8'

soup = BeautifulSoup(req.text, 'html.parser')

print(soup.prettify())
```

```
<!DOCTYPE html>
<!--STATUS OK-->
<html>
 <head>
  <meta content="text/html;charset=utf-8" http-equiv="content-type"/>
  <meta content="IE=Edge" http-equiv="X-UA-Compatible"/>
  <meta content="always" name="referrer"/>
  <link href="http://s1.bdstatic.com/r/www/cache/bdorz/baidu.min.css" rel="stylesheet" type="text/css"/>
  <title>
   百度一下，你就知道
  </title>
 </head>
 <body link="#0000cc">
  <div id="wrapper">
   <div id="head">
    <div class="head_wrapper">
     <div class="s_form">
      <div class="s_form_wrapper">
       <div id="lg">
        <img height="129" hidefocus="true" src="//www.baidu.com/img/bd_logo1.png" width="270"/>
       </div>
       <form action="//www.baidu.com/s" class="fm" id="form" name="f">
        <input name="bdorz_come" type="hidden" value="1"/>
        <input name="ie" type="hidden" value="utf-8"/>
```

图 1-10　格式化后的百度首页源码

　　Beautiful Soup 库还可以快速定位到任意的 HMTL 标记的内容。比如，想要找到网页的标题，也就是"<title>"标记，可以直接输入"soup.title"或者"soup.select("title")"，如图 1-11 所示。

```
In [9]:  ▶   1  soup.select("title") #
```
Out[9]: [<title>百度一下，你就知道</title>]

图 1-11　利用 BS 库获取网页标题

　　有了这些功能强大的库，就可以下载任意的网页，并从中得到想要的数据了。

1.2.3 网页爬取策略

Google 和百度等通用搜索引擎抓取的网页数量通常都是以亿为单位计算的。面对如此数量庞大的网页，如何才能使网络爬虫尽可能地遍历所有网页，从而尽可能地扩大网页信息的抓取覆盖面，这是网络爬虫系统面临的一个很关键的问题。在网络爬虫系统中，抓取策略决定了网页抓取的顺序。

从互联网的结构来看，网页之间通过数量不等的超链接相互连接，形成了一个彼此关联、庞大复杂的有向图。

如果将网页看成图中的某一个节点，而将网页中指向其他网页的链接看成是这个节点指向其他节点的边，那么就很容易将整个互联网上的网页建模成一个有向图，如图 1-12 所示。

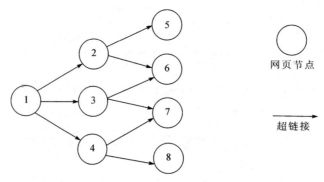

图 1-12　网页关系模型

理论上，通过遍历算法遍历该图，就可以访问到互联网上几乎所有的网页。

如果把网页之间的指向结构视为一个森林，每个种子 URL 对应的网页是森林中的一棵树的根节点，那么网络爬虫系统就可以根据深度优先搜索算法或者广度优先搜索算法遍历所有的网页。

1. 深度优先策略

深度优先策略是指网络爬虫会从起始页开始，一个链接一个链接地跟踪下去，直到不能再深入为止。网络爬虫在完成一个爬取分支后会返回到上一链接节点，进一步搜索其他链接。当所有链接都遍历完后，爬取任务结束。这种策略比较适合垂直搜索或站内搜索，但爬取网页内容层次较深的站点时会造成资源的巨大浪费。以图 1-12 为例，遍历的路径为 1→2→5→6→3→7→4→8。

在深度优先策略中，当搜索到某一个节点的时候，这个节点的子节点及该子节点的后继节点全部优先于该节点的兄弟节点，深度优先策略在搜索的时候会尽量地往深处去，只有找不到某节点的后继节点时才考虑它的兄弟节点。如果不加限制，可能会沿着一条路径无限制地扩展下去，这样就会"陷入"到巨大的数据量中。一般情况下，使用深度优先策略时都会选择一个合适的深度。深度优先策略一般适用于搜索数据量比较小的情况。

2. 广度优先策略

广度优先策略是按照网页内容目录层次深浅来爬取网页的，处于较浅目录层次的网页首先被爬取。当同一层次中的网页爬取完毕后，爬虫再深入下一层继续爬取。仍然以图 1-12 为例，遍历的路径为 1→2→3→4→5→6→7→8。

由于广度优先策略是对第 N 层的节点扩展完成后才进入第 N+1 层的，所以可以保证以最短路径找到解。这种策略能够有效控制网页的爬取深度，避免遇到一个无穷深层分支时无法结束爬取的问题，实现方便，无须存储大量中间节点；不足之处在于需较长时间才能爬取到目录层次较深的网页。

1.3　日志文件的采集

腾讯、淘宝、新浪等互联网公司不仅是大数据技术的推动者，也是大数据的生成者。在使用这些公司的产品时，产生的点击、搜索、收藏等行为，都会以日志文件的形式保存起来。以文件形式存储的优点是快捷，但要想对海量日志数据进行后续的管理分析，就需要把这些文件进行采集并保存到后面要介绍的新型数据库中。

日志文件产生的速度很快，一秒钟可达数百兆，而且这些文件可能分散在多台服务器上，采集后还需要对文件进行过滤和加工，然后存储到不同类型的数据库中。以上多种需求，对数据采集工具提出了更高的要求。

因为需求广泛，所以目前用于系统日志采集的海量数据采集工具也非常多。这里选择 Apache 软件基金会(Apache Software Foundation，ASF，主页为 http://www.apache.org)下的 Flume 软件进行介绍。

1.3.1　Apache 软件组织

Apache 软件基金会是专门为支持开源软件项目而创办的一个非营利性组织，如图 1-13 所示。

图 1-13　Apache 软件基金会的 LOGO

Apache 软件基金会正式创建于 1999 年 7 月，它最早的创建者是美国伊利诺伊大学的一个软件开发社团。Apache 是根据北美当地的一支名为"Apache"的印第安部落而命名的，这支部落以高超的军事素养和超人的忍耐力著称，也是最后被殖民者征服的一个印第安部落。再有一个解释，即"Apache"就是"A Patchy"，"Patchy"就是不完整的、有补丁的、参差不齐的意思。

Apache 目前已成为世界上最大的、有着规范管理模式的开源软件组织。Apache 的项目分为顶级项目、子项目和孵化项目。所有的 Apache 项目都需要经过孵化器孵化，满足 Apache 的一系列质量要求之后才可"毕业"。从孵化器里"毕业"的项目，要么独立成为顶级项目，要么成为其他顶级项目的子项目。

一旦成为 Apache 的顶级项目，Apache 基金会就会在其"apache.org"二级域名下给其一个独立的三级域名。例如大数据软件 Hadoop，就是一个顶级项目，其项目主页为"hadoop.apache.org"。大数据相关的很多软件产品都是 Apache 基金会下的顶级项目，包括现在学习的 Flume，还有后面介绍的 Hadoop、HBase、Hive、Spark、ZooKeeper 等。

现在，以腾讯、阿里、华为为代表的中国技术团队，已成为 Hadoop、Spark 等国际主流大数据开源软件代码的核心贡献力量，主导了 Hadoop 和 Spark 的部分版本研发，真正实现了"技术自信"。

1.3.2　文件采集工具 Flume

大数据采集软件 Flume 是一个高可用的、高可靠的、分布式的海量日志采集、聚合系统，也是 Apache 的顶级项目。"Flume"意为水道，其作用很像水槽，它将文件、数据库等各种形式的源数据汇聚到一个大的水池中，然后再从水池分发到分布式文件系统或者其他新型数据库中，如图 1-14 所示。

图 1-14　文件采集工具 Flume 的作用

Flume 作为在生产环境下使用的海量数据收集工具，具有以下 5 个特性。

(1) 可靠性：提供了多种策略来保证数据从数据源到目的地之间的传输不丢失。

(2) 可扩展性：可以灵活定义数据源和数据目的地类型，还可以并联或串联扩展功能。

(3) 高性能：提供高吞吐量，能满足海量数据收集需求。

(4) 可管理性：可动态增加、删除组件。

(5) 文档丰富、社区活跃：在 Hadoop 生态系统中广泛应用。

Flume 最核心的角色是采集代理(Agent)，每一个 Agent 相当于一个数据传递员，内部有 3 个核心组件，即数据源(Source)、中间的传输通道(Channel)和接收器(目的地、Sink)，如图 1-15 所示。

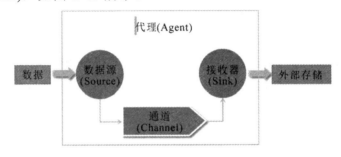

图 1-15　Flume 的核心组件

(1) 数据源(Source)：接收客户端发送的数据，并将数据发送到通道中。这里的客户端可以是日志文件目录、数据库、网络接口或数据包等。

(2) 通道(Channel)：采集代理内部的数据暂时存放的地方，是数据从数据源到接收器的传输通道；这个通道可以是内存、数据库、文件或消息中间件等不同类型。

(3) 接收器(Sink)：即目的地，定义数据写出方式。一般情况下，接收器从通道中获取数据，然后将数据写出到本地文件、数据库或者 HDFS 文件系统等外部存储中。

Flume 的强大支持在于代理之间可以自由串联或者并联,这种灵活的扩展性大大增强了 Flume 的性能，如图 1-16 所示。

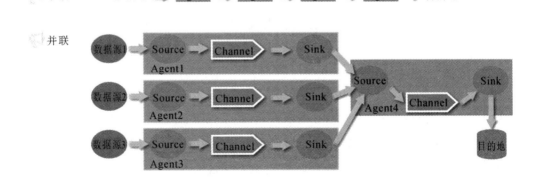

图 1-16　Flume 的串联和并联用法

1.3.3 实验：Flume 的使用方法

从地址 http://flume.apache.org/download.html 可以下载到最新版的 Flume 软件，目前最新版是 1.10.0，大小为约 85 MB。

Flume 典型的应用方法是在 Ubuntu 等 Linux 环境下，与分布式文件、消息中间件和非关系型数据库集成使用。下面以在 Windows 下简单配置 Flume 为例，体验一下其基本性能。

1. 实验目标

在 E 盘根目录下有 Logs 文件夹，通过配置 Flume，能够实时捕获这个文件夹下日志文件的新增和变化情况，并将其文件内容输出到 Windows 的控制台。

2. 实验过程

(1) 验证 Java 环境是否正常，并解压安装 Flume。

大数据软件都需要在 Java 环境下运行。Java 是 20 世纪 90 年代美国太阳(Sun)公司发明的一种编程语言，在 21 世纪成为和微软.Net 技术并列的两大软件开发技术；在非 Windows 应用领域，Java 语言占据着主导地位。如图 1-17 所示，"Java"的名称来自当时太阳公司程序员喜欢喝的一种咖啡，这种咖啡产自印度尼西亚爪哇岛。

图 1-17 Java 语言标识

分别按下键盘上的"Windows"和"R"两个键，在弹出的窗口中输入"cmd"，然后点击确定；在打开的控制台中输入"java -- version"，就可以看到 Java 版本 1.8；输入"echo %JAVA_HOME%"，可查看"JAVA_HOME"变量是否正确配置，如图 1-18 所示。若看不到相关内容，说明机器未配置 Java 环境，可查阅相关资料配置 Java 环境。

图 1-18 Java 环境变量查看

然后，用解压软件解压"apache-flume-1.8.0_91-bin.tar.gz"到 E 盘根目录。

(2) 创建需要监听的目录和 Flume 配置文件。

首先创建需要监听的目录，这里设定为 E 盘根目录下的 Logs 文件夹。

进入 Flume 解压目录下的 Conf 文件夹，可以看到里面有一些 Flume 配置文件的模板。将"flume-conf.properties.template"文件复制一下，并重命名为"flume-conf.properties"。

打开重命名后的文件，删除已有内容，并重新录入如图 1-19 所示的内容。

#命名Agent三个组件的名称
a1.sources = r1
a1.sinks = k1
a1.channels = c1

#指定Flume Source(要监听的文件夹)
a1.sources.r1.type = spooldir
a1.sources.r1.spoolDir = e:/logs/

#指定Flume Sink
a1.sinks.k1.type = logger

#指定Flume Channel组件的参数
a1.channels.c1.type = memory
a1.channels.c1.capacity = 1000
a1.channels.c1.transactionCapacity = 100

#绑定Source和Sink到Channel上
a1.sources.r1.channels = c1
a1.sinks.k1.channel = c1

图 1-19 Flume 配置文件的设定

Flume 配置文件主要包括 5 个部分：

① 给 Agent 的 3 个组件命名；

② 设定 Source 要采集的类型为文件目录，并指定要监听的具体目录名；

③ 指定 Sink 的类型，这里将采集的内容输出到日志中；

④ 设定 Channel，这里选择内存通道，并将运行的最大事件数设为 1000，最大事务容量设为 100；

⑤ 将前面设定好的 Source、Sink 和 Channel 进行绑定。

(3) 启动 Flume。

在控制台中，(单击)进入 Flume 安装路径下的 Bin 文件夹，(单击)输入命令：

```
flume-ng agent --conf ../conf --conf-file../conf/flume-conf.properties --name a1 -property
"flume.root.logger = INFO, console"
```

该命令共有 5 个参数，各个参数的具体说明见表 1-1。

表 1-1　Flume 命令参数说明

参　数	作　用	举　例
--conf 或 -c	指定配置文件夹，包含 flume-env.sh 和 log4j 的配置文件	--conf conf
--conf-file 或 -f	配置文件地址	--conf-file conf/flume.conf
--name 或 -n	Agent 名称	--name a1
-property "flume.root.logger=INFO, console"	把 Flume 日志输出到 Console	

最后，验证效果。在 E 盘根目录下新建两个文本文件，分别命名为 log1.txt 和 log2.txt；在两个文件中分别输入"Hello Flume1"和"Hello Flume2"。然后将这两个文件包括到 e:/logs 文件夹下。可以看到，Flume 在控制台中已经侦测到文件夹的变化，并将捕获的内容输出到了控制台，如图 1-20 所示。

图 1-20　Flume 运行结果

小　结

没有数据采集，大数据技术就是无源之水。主动和自动的数据采集是获取大数据的主要方式。本章以 Flume 产品为例，介绍了日志文件数据的自动采集方法。以常用的 Python 语言为例，介绍了网页数据的自动采集方法。限于篇幅，仅作入门，有兴趣的读者可以在此基础上扩展学习。

第 2 章

分布式文件存储

2.1　Hadoop 概述

谈到大数据，就不得不谈 Apache 基金会下的开源软件 Hadoop。作为最为流行的开源大数据存储与处理框架，Hadoop 一度成为大数据软件的代名词。实际上 Hadoop 并不是一个软件，而是一个软件套装，更是一个生态体系。下面详细介绍这个生态体系。

2.1.1　Hadoop 的诞生与发展

最早成熟应用分布式文件系统的公司是谷歌公司。作为世界上最大的搜索引擎，谷歌在 20 世纪末就面临着海量网页文件的存储问题。随着互联网信息的飞速增加，用昂贵的服务器存储海量数据越来越不划算，服务器数量的增加，对服务器集群的统一管理也提出了新的挑战。谷歌公司在 2000 年左右就实现了基于廉价普通存储设备的分布式文件系统，能够应对廉价存储可能随机失效的问题，同时也解决了海量网页信息的分布式存储问题。2003 年，谷歌公司公开发表了论文"*Google File System*"，公开了其内部使用的谷歌文件系统(Google File System，GFS)的设计思想和基本实现方法。

虽然谷歌公司没有将 GFS 开源，但得益于 GFS 论文的实现思路，诞生了模仿 GFS 的众多开源软件，Hadoop 就是其中的佼佼者。

2008 年 1 月，Hadoop 正式成为 Apache 的顶级项目，这个奇怪的名字没有任何含义，只是其创始人 Doug Cutting 的儿子最喜欢的一头玩具小黄象的名字，而这头小黄象也成为 Hadoop 的标识，如图 2-1 所示。

图 2-1   Hadoop 标识

这种以动物命名软件的方式，直接引领了一种风潮且沿用至今。不仅后续 Hadoop 生态的很多软件以动物命名，现在我们生活中很多熟悉的互联网企业也纷纷加入"动物园"，例如天猫(猫)、京东(狗)、携程(海豚)、腾讯(企鹅)等等。

真正让 Hadoop 名声大振的是在 2008 年 4 月，当时，Hadoop 凭借一个由 910 台机器构成的集群，成为当时排序 1 TB 数据最快的系统(耗时 209 s)，打破了世界排序比赛的纪录。Hadoop 一战成名，迅速发展成为大数据时代最具影响力的开源分布式开发平台，并成为事实上的大数据处理标准。

这个比赛公布的最新纪录是 2016 年，冠军已经成为我国的腾讯公司，其凭借 512 台机器的集群，对 100 TB 的数据排序，用时 98.8 s，如图 2-2 所示。

图 2-2   2016 年腾讯打破全球计算奥运纪录

在感叹排序性能提升飞速的同时，也要注意另一个有意思的事情，即腾讯打破的是 2015 年阿里公司的纪录，而阿里打破的则是更早的百度公司的纪录。这说明目前我国在大数据存储和计算领域的应用技术已经站在了世界最前沿。目前，对海量数据的排序已不是世界难题，这项比赛在 2016 年后也没有再更新排名，但以阿里、腾讯、华为等公司为代表的我国大数据技术团队在国际上的前沿地位没有改变，这一领域的技术自信也与日俱增。

作为一个能够对大量数据进行分布式处理的软件框架，Hadoop 具有以下特性：

(1) 低成本：在硬件上，Hadoop 支持普通硬件设备，对服务器没有特殊要求；在软件上，作为开源软件免费使用，成本大大降低。

(2) 高扩展性：Hadoop 能够实时在线对集群进行存储和计算能力的扩容(可达千台节点，PB 级数据)，而集群不需要停止服务。

(3) 高效性：Hadoop 能够在节点之间动态地移动数据，并保证各个节点的动态平衡，通过并行处理加快处理速度。

(4) 高容错性：Hadoop 能够自动保存数据的多个副本，并且可以自动将出错的数据副本重新分配，可以在若干硬盘损坏的情况下，保持数据的完整性。

(5) 高可靠性：Hadoop 将存储失败视为常态，能够提供 7×24 h 的可靠存储计算服务。

2.1.2　Hadoop 生态系统

Hadoop 并不是一个软件，而是一个软件套装，更是一个生态体系。Hadoop 的官网(http://hadoop.apache.org)，如图 2-3 所示。

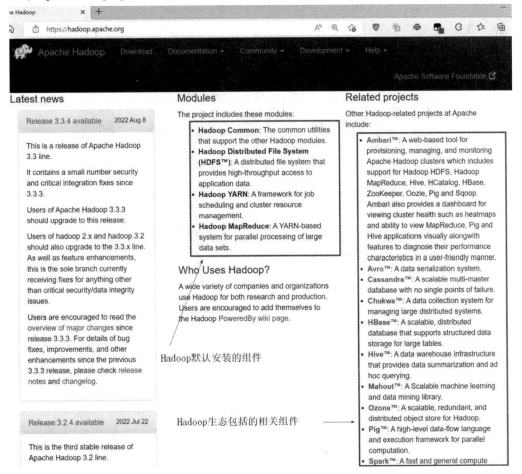

图 2-3　Hadoop 官网的组成部分

由图 2-3 可以看到 Hadoop 项目默认只包括 4 个核心模块，即 Hadoop Common(Hadoop 项目的公共模块，被其他模块共享使用)、HDFS(Hadoop 分布式文件系统)、HadoopYARN(分布式任务调度和集群资源管理的框架)和 HadoopMapReduce(基于 YARN 的大数据并行处理系统)。如果从 Hadoop 官网下载安装 tar.gz(Linux 系统下的压缩文件格式)包，其大小约 400 MB，就包含上述 4 个模块。

在图 2-3 中的右侧，可以看到 Hadoop 还包括 10 余个 Hadoop 社区推荐的相关软件，这些软件也都是 Apache 的顶级项目，涵盖大数据的采集、存储、管理、分析、挖掘、部署等各个方面，都有着广泛的用户群体和应用场景。

图 2-4 以体系框图的结构展示了 Hadoop 的生态系统，不仅给出了组件名称，也说明了组件的结构和依赖关系。最底层是 Hadoop 分布式文件系统 HDFS，这是上层组件的基础；第二层是资源调度和管理框架 YARN；第三层是各种计算框架，包括离线计算 MapReduce、内存计算 Spark 等；第四层是高级计算功能，包括可以 SQL 查询的数据仓库 Hive、机器学习库 Mahout 等；第五层是用来方便部署管理的 Ambari。

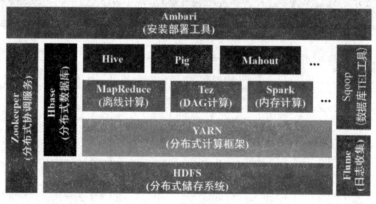

图 2-4　Hadoop 的生态系统的常用组件

图 2-4 中最右侧是负责大数据采集的工具，包括我们已经学过的采集工具 Flume 和数据抽取转换工具 Sqoop。

图中左侧是列数据库 HBase，它也是构建在 HDFS 基础上的。最左侧是分布式协调服务 ZooKeeper。从 Hadoop 这头小黄象开始，Hadoop 生态的很多产品名字如 Hive、Pig 等，都是以动物名称命名的。这个 ZooKeeper 单看名字就很霸气了，它在最左侧，贯穿多层，实际上是 HDFS、HBase、Flume 等产品提供一些高级功能的基础，目前用途非常广泛。

Hadoop 生态圈包括的主要组件及其具体功能见表 2-1 所示。

表 2-1　Hadoop 生态系统主要组件及功能

组　件	功　　能
HDFS	分布式文件系统
MapReduce	分布式并行编程模型
YARN	资源管理和调度器
Tez	运行在 YARN 之上的下一代 Hadoop 查询处理框架
Hive	基于 Hadoop 的一个数据仓库工具，可以将结构化的数据文件映射为一张数据库表，通过类 SQL 语句快速实现简单的 MapReduce 统计，不必开发专门的 MapReduce 应用，适合数据仓库的统计分析
HBase	一个高可靠性、高性能、面向列(非关系型)、可伸缩的分布式存储系统，利用 HBase 技术可在廉价机器上搭建起大规模结构化存储集群
Pig	一个基于 Hadoop 的大规模数据分析工具，它提供的 SQL-LIKE 语言叫 Pig Latin，该语言的编译器会把类 SQL 的数据分析请求转换为一系列经过优化处理的 MapReduce 运算
Sqoop	一个用来将 Hadoop 和关系型数据库中的数据相互转移的工具，可以将一个关系型数据库(MySQL、Oracle、Postgres 等)中的数据导入到 Hadoop 的 HDFS 中，也可以将 HDFS 的数据导入到关系型数据库中
Oozie	一个工作流引擎服务器，用于管理和协调运行在 Hadoop 平台上(HDFS、Pig 和 MapReduce)的任务
ZooKeeper	一个为分布式应用所设计的分布的、开源的协调服务，它主要是用来解决分布式应用中经常遇到的一些数据管理问题，简化分布式应用协调及其管理的难度，提供高性能的分布式服务
Storm	流计算框架
Flume	一个高可用的、高可靠的、分布式的海量日志采集、聚合和传输的系统
Ambari	Hadoop 快速部署工具，支持 Apache Hadoop 集群的供应、管理和监控
Kafka	一种高吞吐量的分布式发布订阅消息系统，可以处理消费者规模的网站中的所有动作流数据
Spark	类似于 Hadoop MapReduce 的通用并行框架，目前已经发展成为大数据计算的主流技术

2.1.3　Hadoop 版本演进

Hadoop 的版本有 3 个，目前最新的 Hadoop 版本是 3.*.*。在 Hadoop 的发展过程中，Hadoop 1.0 和 Hadoop 2.0 两大版本差异较大，如图 2-5 所示。

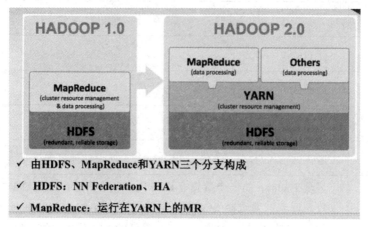

图 2-5　Hadoop 版本演进

　　Hadoop1.0 被称为第一代 Hadoop，由 HDFS 和 MapReduce 组成。HDFS 由一个 NameNode 和多个 DataNode 组成，MapReduce 由一个 JobTracker 和多个 TaskTracker 组成。Hadoop 1.0 对应的 Hadoop 版本为 0.20.x、0.21.x、0.22.x 和 Hadoop 1.x。其中，0.20.x 是比较稳定的版本，它最后演进为 1.x，成为稳定版本。0.21.x 和 0.22.x 则增加了 NameNode HA 等新特性。

　　Hadoop 2.0 被称为第二代 Hadoop，对应的 Hadoop 版本为 0.23.x 和 2.x。在 Hadoop 2.0 中，主要的改进表现在：一是针对 Hadoop 1.0 中 NameNode HA 不支持自动切换且手工切换时间过长的风险，Hadoop 2.0 提出了基于共享存储的 HA 方式，该方式支持失败自动切换切回；二是针对 Hadoop 1.0 中的单 NameNode 制约 HDFS 扩展性的问题，Hadoop 2.0 提出了 HDFS Federation 机制，它允许多个 NameNode 各自分管不同的命名空间，进而实现数据访问隔离和集群横向扩展；三是针对 Hadoop 1.0 中的 MapReduce 在扩展性和多框架支持方面的不足，Hadoop 2.0 提出了全新的资源管理框架 YARN，它将 JobTracker 中的资源管理和作业控制功能分开，分别由组件 ResourceManager 和 ApplicationMaster 实现。其中，ResourceManager 负责所有应用程序的资源分配，而 ApplicationMaster 仅负责管理一个应用程序。相比于 Hadoop 1.0，Hadoop 2.0 框架不仅具有更好的扩展性、可用性、可靠性、向后兼容性和更高的资源利用率，还能支持除 MapReduce 计算框架以外的更多的计算框架，Hadoop 2.0 是目前业界主流使用的 Hadoop 版本。

　　2017 年 12 月，Hadoop 3.*.*版正式发布。Hadoop 2.0 是基于 JDK 1.7 开发的，而 JDK 1.7 在 2015 年 4 月已停止更新，这直接迫使 Hadoop 社区基于 JDK 1.8 重新发布了一个新的 Hadoop 版本，即 Hadoop 3.0。Hadoop 3.0 中引入了一些重要的功

能和优化，包括 HDFS 可擦除编码、多 NameNode 支持、MR Native Task 优化、YARN 内存和磁盘 IO 隔离、YARN container resizig 等。在 Hadoop 3.* 以上版本中，常用的 500**五位端口改为了 98**四位端口，如 Web 端口 50070 改为了 9870。

2.1.4　Hadoop 的发行版本

虽然 Hadoop 是开源的 Apache 项目，但是在工业界，仍然出现了大量的新兴公司，帮助人们更方便地使用 Hadoop。这些企业大多将 Hadoop 发行版进行打包、改进，以确保所有的软件一起工作。相较于 Apache Hadoop 社区版，发行版在兼容性、安全性、稳定性上都有所提升，通常都经过了大量的测试验证，有众多部署实例，并且大量地运行到各种生产环境。

2008 年成立的 Cloudera 公司是最早将 Hadoop 实现商用的公司。2009 年，Hadoop 的创始人 Doug Cutting 也加盟了 Cloudera 公司。国际巨头 EMC、IBM、INTEL 和国内的阿里、华为、星环科技等公司都分别提供了自己的商业版本。

2.2　HDFS 分布式文件系统

2.2.1　HDFS 概述

在大数据时代，需要处理分析的海量数据的规模已经远远超过了单台计算机的存储能力，因此需要将海量数据进行划分，并存储到若干台独立的计算机中。因此就需要一种新的文件系统，能够灵活管理多台计算机上的海量文件存储单元，这就是分布式文件系统。简单理解分布式文件系统，就是将物理分布在多台计算机上的存储空间，在逻辑上虚拟成一块大的硬盘，方便用户使用。

HDFS 是 Hadoop 分布式文件系统(Hadoop Distributed File System)的缩写，是易于扩展的分布式文件系统，运行在大量普通廉价机器上，提供容错机制。

HDFS 主要具有以下 3 个特性：

(1) 构建成本低、高容错性、安全可靠。HDFS 可以在廉价机器上存储海量数据。在存储大文件时，会将大文件分成很多包含小文件的数据"块"，每个数据"块"会自动保存多个副本，默认为 3 个副本，也就是说每份数据都存 3 份，若某一副本丢失后，会自动恢复到 3 个副本的状态，通过这种冗余存储，提高了数据的可靠性。

(2) 适合大数据批量处理。HDFS 可构建数千节点规模的集群，处理百万规模以上的文件数据，甚至处理 TB、PB 级别数据。HDFS 提供了接口可以方便地将数据文件的位置暴露给计算框架，这样计算框架就可以把计算任务调度到数据所在的机器上，移动计算而不是移动数据，可节省大量数据通信资源。

(3) 处理流式文件访问。HDFS 程序对文件操作大多采用一次写入、多次读取的模式，因此在读取的时候做了相应优化，无须等待接收到所有数据，就可以像流水一样一块一块地处理数据，简单高效。

HDFS 虽然是分布式文件存储事实上的标准,但也有它不擅长的地方。HDFS 的不足包括：一是不适合低延迟数据访问，比如毫秒级的实时数据访问，HDFS 实际上是在高吞吐率和低延迟之间做了一个折中，牺牲了低延迟，做到高吞吐率；二是不适合大量小文件存储，大量小文件的元数据占用太多的资源，且小文件的读取性价比也不高；三是不适合并发写入，多个线程无法并发写入同一个文件；四是不提供随机修改功能，只能在文件最后进行追加，或者删除后重新建立文件。

2.2.2　HDFS 设计思想

1. 文件系统的扩容方法

文件系统是操作系统提供的磁盘空间管理服务，该服务只需要用户指定文件的存储位置及文件读取路径，而不需要用户了解文件在磁盘上是如何存放的。但是当文件所需空间大于本机磁盘空间时，应该如何处理呢？

最简单的方法是增加磁盘，但服务器物理空间有限，不能无限地增加硬盘块数。其次是增加机器，即用远程共享目录的方式提供网络化的存储，这种方式可以理解为分布式文件系统的雏形，它可以把不同文件放入不同的机器中，而且空间不足时可继续增加机器，突破了存储空间的限制。

但是这种传统的分布式文件系统存在很多问题。首先各个存储节点的负载不均衡，单机负载可能极高。例如，如果某个文件是热门文件，则会有很多用户经常读取这个文件，就会造成该文件所在机器的访问压力极大。其次是数据可靠性低。如果某个文件所在的机器出现故障，那么这个文件就不能访问了，甚至会造成数据的丢失。最后是文件管理困难。如果想对一些文件的存储位置进行调整，就需要查看目标机器的空间是否够用，并且需要管理员维护文件位置，在文件和机器非常多的情况下，这种操作就极为复杂。

2. HDFS 的基本思想

HDFS 是个抽象层，底层依赖很多独立的服务器，对外提供统一的文件管理功能。HDFS 的基本架构如图 2-6 所示。

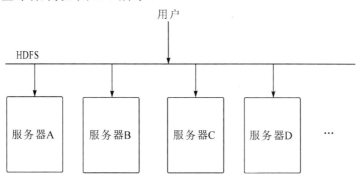

图 2-6　HDFS 的基本架构

例如，用户访问 HDFS 中的"/电影/中国/醉拳.mpg"这个文件时，只需要记住其路径和文件名就可以了。HDFS 负责从底层的相应服务器中读取该文件，然后返回给用户，这样用户就只需和 HDFS 打交道，完全不用理会这个文件如何划分，以及划分后的存储单元实际存储在哪些服务器上。

为了解决存储节点负载不均衡的问题，HDFS 首先把一个文件分割成多个相同的存储单元即文件块(Block)，然后再把这些文件块存储在不同服务器上。这样读取文件的压力不会全部集中在一台服务器上，从而可以避免某个热点文件带来的单机负载过高的问题。

HDFS 文件系统默认块的大小是 128 MB。假设文件"/电影/中国/醉拳.mpg"的大小是 450 MB，存储时 HDFS 会把这个文件分为 4 个块，我们将其编号为 1、2、3、4。其中，1~3 块的大小相同，都是 128 MB；第 4 个块逻辑大小是 128 MB，实际存储大小为 66 MB (450 − 128 × 3)。最高效的存储方法是将 4 个块分别存放到不同的服务器 A、B、C 和 D 上，即如图 2-7 所示的"无副本"存储模式。但在这种存储模式下，如果某台服务器掉线，文件就无法全部读取；若硬盘损坏，数据就会丢失，无法保证数据的可靠存储。

为了保证文件的可靠存储，HDFS 会对每个文件块进行多个备份，一般情况下是 3 个备份。HDFS 会把数据块按图 2-7 中的"副本存储"方式存储到 4 台服务器上。例如，块 1 存放在服务器 A、B 和 C 上，这样，任何一台服务器下线，其他 3 台服务器都能提供完整的"1~4"4 个文件块。该方式同时还带来一个很大的好处，就是增加了文件的并发访问能力。例如，多个用户读取这个文件时，都要读取块 1，HDFS 可以根据服务器的繁忙程度，选择从哪台服务器读取块 1。

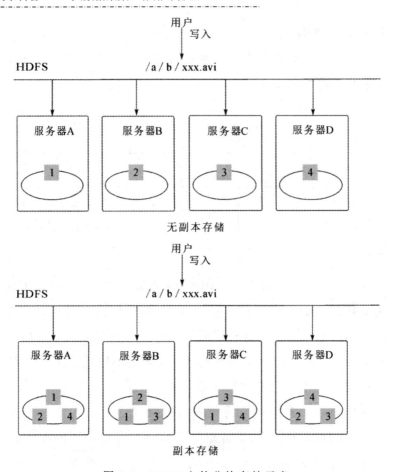

图 2-7　HDFS 文件分块存储示意

　　为了管理文件，HDFS 需要记录维护一些元数据，也就是关于文件数据信息的数据，如 HDFS 中存了哪些文件，文件被分成了哪些块，每个块被放在哪台服务器上等。HDFS 把这些元数据抽象为一个目录树，来记录这些复杂的对应关系。这些元数据由一个单独的模块进行管理，这个模块叫作名称节点(NameNode)，存放文件块的真实服务器叫作数据节点(DataNode)。

2.2.3　HDFS 实现机制

1. 整体架构

　　HDFS 是一个主从(Master/Slave)架构。一个 HDFS 集群包含一个主节点，即名称节点，用来管理文件系统的命名空间，以及调节客户端对文件的访问。一个 HDFS 集群还包括多个从节点，即数据节点，用来存储具体数据块。

　　HDFS 的整体结构如图 2-8 所示，主要包括客户端、名称节点(主节点)、数据节点(从节点)几个部分。

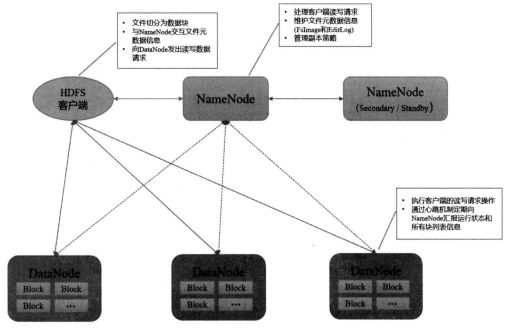

图 2-8　HDFS 体系结构

1) 名称节点

名称节点是整个文件系统的管理节点，它主要维护着整个文件系统的文件目录树，文件/目录的元信息，每个文件对应的数据块列表，并且还负责接收用户的操作请求。

如图 2-9 所示，名称节点负责管理分布式文件系统的命名空间(Namespace)，保存了两个核心的数据结构(元数据)：

(1) EditLog：客户端对目录和文件的写操作首先被记到编辑日志中，如创建、删除、重命名文件等，是在 NameNode 启动后对文件系统的改动序列。

(2) FsImage：文件系统元数据检查点镜像文件(某一时刻快照)，维护文件系统树以及文件树中所有的文件和文件夹的元数据，是在 NameNode 启动时对整个文件系统的快照。

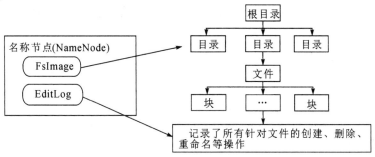

图 2-9　NameNode 两个核心的数据结构

Hadoop 配置文件 hdfs-site.xml 中的 dfs.namenode.name.dir 的配置，设置了两个文件的存放目录路径。当 EditLog 越来越多、越来越大时，在加载 FsImage 后就需要再加载 EditLog，就会影响启动的速度。因此 FsImage 和 EditLog 在满足一定条件(达到一定时间或者一定大小)后就会触发 Checkpoint 机制进行合并。

名称节点还负责管理数据块的副本，它按照一定周期，接受来自每个数据节点的心跳信号和块状态报告。通过心跳信号判断数据节点工作是否正常，而块状态报告包含了某数据节点上存储的所有数据块的列表信息。若出现副本数不够的情况，名称节点将启动复制机制，在集群内始终维持各个数据块设定的副本数。

如果上次服务器运行时间很长，那 EditLog 的数量将会非常大，进而导致对 FsImage 和 EditLog 合并的过程变得相当长。为了避免这个问题，HDFS 系统会每隔一段时间(默认 1 h)就对 FsImage 和 EditLog 进行合并操作，这个工作耗时耗力，一般在生产环境下由单独部署的第二名称节点(Secondary NameNode)服务器来完成。

Secondary NameNode 的主要目的是分担 NameNode 的部分工作，避免 EditLog 文件过大。注意其与 Standby NameNode 的区别：一个是 NameNode 的帮手，但代替不了 NameNode；一个是替身，可以随时替换 NameNode，实现高可用性(HA)。在配置高可用的 HDFS 集群时，需要在 ZooKeeper 的支持下，实现 Active NameNode 和 Standby NameNode 两个角色。前者提供 NameNode 服务，后者会实时同步前者的 FsImage，并将合并后的新 FsImage 文件替换前者中旧的 FsImage 文件；一旦前者失效，后者能够马上顶上，不会出现元数据丢失。两个 NameNode 为了数据同步，会通过一组称作 JournalNodes 的独立进程进行相互通信。

2) 数据节点

数据节点是数据存储节点，负责自身所在物理节点上的存储管理。数据节点负责接收名称节点的指令，执行数据块的创建、删除和复制命令，负责具体执行客户端发出的读/写请求。文件数据块本身存储在不同的数据节点当中，数据节点可以分布在不同机架上。

数据节点通过心跳机制定期向名称节点汇报运行状态和所有块列表信息，在集群启动时，数据节点向名称节点提供存储的块列表信息。

3) 客户端

HDFS 客户端是一个库，提供了类似 Shell 的命令行方式访问 HDFS 中的数据。客户端的主要作用有 3 个：

(1) 完成文件切分工作，将大文件切分成块。

(2) 与 NameNode 交互获取文件元数据信息。

(3) 与 DataNode 交互，读取或写入数据块，并根据元数据信息组装为原始文件。如在读取"/电影/中国/醉拳.mpg"时，根据拿到的"1～4"的块文件拼装为"醉拳.mpg"文件。

HDFS 的 NameNode 和 DataNode 都是被设计为在普通计算机上运行的软件程序。HDFS 是用 Java 语言实现的，任何支持 Java 语言的机器都可以运行 NameNode 或者 DataNode。Java 语言本身的可移植性意味着 HDFS 可以被广泛地部署在不同的机器上。

2. 复制机制

HDFS 可以跨机架、跨机器可靠地存储海量文件。HDFS 把每个文件存储为一系列的数据块，文件块大小和复制因子(每个文件块的副本数)都是可配置的。

NameNode 控制所有数据块的复制决策，图 2-10 显示了在副本数为 3 的设置下，编号为"1～5"的文件块在 8 个 DataNode 上的存储情况。它周期性地从集群中的 DataNode 中收集心跳和数据块报告。收集到心跳则意味着 DataNode 正在提供服务，收集到的数据块报告会包含相应 DataNode 上的所有数据块列表。

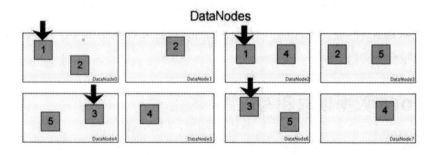

图 2-10　HDFS 多块复制策略

通用场景下，当副本数为 3 时，HDFS 的放置策略是将一个副本放置到本地机架的一个节点上，另一个放在本地机架的不同节点上，最后一个放在不同机架的节点上。这种策略实际是在数据可靠性和高读写性之间进行了平衡。就通信效率而言，进程内＞机器间＞机架间＞交换机间。这一策略与把 3 个副本放在 3 个不同机架上的策略相比，减少了机架之间的写操作，从而提升了读写性能；与把数据都放在一个机架上的策略相比，提高了数据的可靠性。

当一切运行正常时，DataNode 会周期性发送心跳信息给 NameNode(默认是每 3 s 一次)。如果 NameNode 在预定的时间内没有收到心跳信息(默认是 10 min)，就会认为 DataNode 出现了问题，这时候就会把该 DataNode 从集群中移除，并且启动一个进程去恢复数据。DataNode 脱离集群的原因有多种，如硬件故障、主板故障、电源老化和网络故障等。

对于 HDFS 来说，丢失一个 DataNode 意味着丢失了存储在它的硬盘上的数据块的副本。假如在任意时间总有超过一个副本存在，故障将不会导致数据丢失。当一个硬盘发生故障时，NameNode 会检测到存储在该硬盘上的数据块的副本数量低于要求，然后主动创建需要的副本，以达到满副本数状态。

小结一下，HDFS 把硬件出错看作一种常态，而不是异常，并设计了相应的机制检测数据错误和进行自动恢复。出错以及相应机制分为以下 3 种情况：

(1) 名称节点出错。当名称节点出错时，就可以根据备份服务器 SecondaryNameNode 中的 FsImage 和 EditLog 数据进行恢复。

(2) 数据节点出错。名称节点若无法收到来自数据节点的心跳信息，就会对这些数据节点标记为"宕机"，节点上面的所有数据都会被标记为"不可读"。由此导致一些数据块的副本数量小于冗余设置阈值，名称节点会启动数据冗余复制，为它生成新的副本。

(3) 数据文件出错。文件被创建时，客户端就会对每一个文件进行计算校验(Checksum，32 位循环冗余校验 CRC-32)并存储，客户端在读取到数据后，会对其进行校验，以确定读取到正确的数据；如果校验出错，客户端就会请求另外一个数据节点读取该文件块，并且向名称节点报告这个文件块有错误，名称节点会定期检查并且重新复制这个块。

2.2.4 HDFS 数据读取和写入

HDFS 的文件访问机制为流式访问机制，即通过 API 打开文件的某个数据块之后，可以顺序读取或者写入某个文件。由于 HDFS 中存在多个角色，且对应的应用场景主要为一次写入、多次读取的场景，因此其读和写的方式有较大不同。读/写操作都由客户端发起，并且由客户端对整个流程进行控制，NameNode 和 DataNode 都是被动式响应。

1. 读取流程

客户端发起读取请求时，首先与 NameNode 进行连接。连接建立后，客户端会请求读取某个文件的某一个数据块。NameNode 在内存中进行检索，查看是否有对应的文件及文件块。若没有，则通知客户端对应文件或数据块不存在；若有，则通知客户端对应的数据块存在哪些服务器之上。客户端接收到信息之后，与对应的 DataNode 连接，并开始进行数据传输。客户端会选择离它最近的一个副本数据进行读取操作。

读取文件的具体过程如图 2-11 所示，分为如下几个步骤。

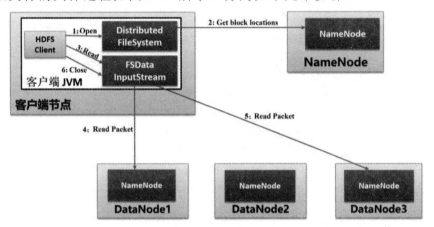

图 2-11　HDFS 读取流程

(1) 客户端首先调用 FileSystem 对象的 Open 方法打开文件，其实获取的是一个 DistributedFileSystem 的实例。

(2) DistributedFileSystem 通过调用 RPC(远程过程调用)向 NameNode 发起请求，获得文件的第一批 Block 的位置信息。同一 Block 按照备份数会返回多个 DataNode 的位置信息，并根据集群的网络拓扑结构排序，距离客户端近的排在前面。如果客户端本身就是该 DataNode，那么它将从本地读取文件。

(3) DistributedFileSystem 返回一个 FSDataInputStream 对象给客户端，用来读取数据，该对象会被封装成 DFSInputStream 对象，DFSInputStream 对象具体管理着 DataNode 和 NameNode 的 I/O 数据流。客户端对输入端调用 Read 方法，DFSInputStream 就会找出离客户端最近的 DataNode 并连接 DataNode。

(4) 在数据流中重复调用 Read 函数，直到这个块全部读完为止。DFSInputStream 关闭 DataNode 的连接，接着读取下一个 Block。这些操作对客户端来说是透明的，从客户端的角度来看只是读取一个持续不断的流。每读取完一个 Block 都会进行 Checksum 验证，如果读取 DataNode 时出现错误，客户端会通知 NameNode，然后再从下一个拥有该 Block 拷贝的 DataNode 继续读取。

实际读取时，客户端和 DataNode 间传输的基本单位不是 Block，而是 Packet。Packet 是仅次于 Block 的第二大的单位，它是 Client 端向 DataNode 或 DataNode 间传输数据的基本单位，默认为 64 KB。实际上，HDFS 还设计了 Chunk(也是"块"的意思)，它是 Client 与 DataNode 或 DataNode 间进行数据校验的基本单位，默认为

512 B。因为用作校验，故每个 Chunk 需要带有 4 B 的校验位。所以实际每个 Chunk 写入 Packet 的大小为 516 B，如图 2-12 所示。

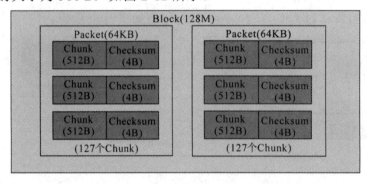

图 2-12　HDFS 中存储单位的设计

(5) 当正确读取完当前 Block 的数据后，关闭当前的 DataNode 连接，并为读取下一个 Block 寻找最佳的 DataNode。如果第一批 Block 都读完了，且文件读取还没有结束，DFSInputStream 就会去 NameNode 拿下一批 Block 的位置信息继续读取。

(6) 当客户端将数据读取完毕时，调用 FSDataInputStream 的 Close 方法关闭掉所有的流。

在读取数据的过程中，如果客户端在与数据节点通信时出现错误，则尝试连接包含此数据块的下一个数据节点。失败的数据节点将被记录，并且以后不再连接。

2. 写入流程

写入文件的过程比读取过程更为复杂，在不发生任何异常的情况下，客户端向 HDFS 写入数据的流程如图 2-13 所示，具体分为如下几个步骤。

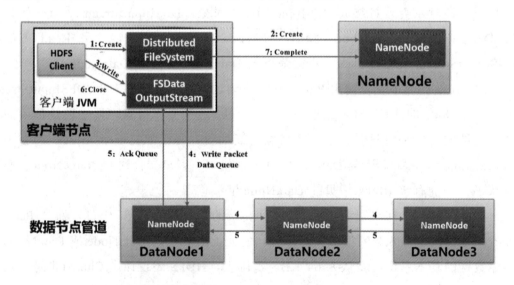

图 2-13　HDFS 写入流程

(1) 客户端调用 DistribuedFileSystem 的 Create 方法来创建文件。

(2) NameNode 接收到用户的写入文件的 RPC 请求后，先要执行各种检查，如客户是否有相关的创建权限以及该文件是否已存在等，检查都通过后才会创建一个新文件，先将操作写入 EditLog，然后 DistributedFileSystem 会将 DFSOutputStream 对象包装在 FSDataOutStream 实例中，返回客户端；若不通过，文件创建失败并且给客户端抛 IOException。这里 NameNode 通过 WAL(Write Ahead Log，先写 Log，再写内存)机制，同步将操作写入 EditLog。如果后续真实写操作失败了，由于在真实写操作之前，操作就被写入 EditLog 中了，故 EditLog 中仍会有记录，不用担心后续 Client 读不到相应的数据块。

(3) 客户端调用 FSOutputStream 的 Write 函数，向对应的文件按 128 MB 进行块切分，写入数据。

(4) 当客户端开始写入文件时，FSOutputStream 会将文件切分成多个分包(Packet，默认 64 KB)，在内部数据队列(Data Queue)中以管道(Pipeline)方式传递。若副本集参数设置为 3，则数据队列会向 NameNode 节点请求适合存储数据的 3 个 DataNode 节点，比如 A、B 和 C。客户端会依次请求 A、B 和 C 3 个节点确认建立传输管道，然后将第一个 Packet 发送给 A 节点，A 节点收到 Packet 后会发送给 B 节点，B 节点再发送至 C 节点。

(5) 为防止传输失败，FSOutputStream 内部同样维护着一个确认队列(Ack Queue)，A 节点向 B 节点传输 Packet 的同时，也将这个 Packet 放到确认队列尾部。传输管道中每传输完一个 Packet 后，会反方向返回确认信息。C 节点将 Packet 成功保存后，会向 B 节点返回一个确认信息，B 节点再向 A 节点返回确认消息，A 节点收到确认消息后将 Packet 从确认队列中删除，并继续传输下一个 Packet。如果失败，则 A 节点会将 Packet 从确认队列取出，重新放回到数据队列末尾，再次沿管道发送。

(6) 不断执行第(3)~(5)步，直到数据全部写完。

(7) 调用 FSOutputStream 的 Close 方法，将所有的数据块写入数据流管道中的数据节点，并等待确认返回成功，最后发送完成信号给 NameNode。发送完成信号的时机取决于集群是强一致性还是最终一致性，强一致性的话，需要所有 DataNode 写完后才向 NameNode 汇报，最终一致性则其中任意一个 DataNode 写完后就能单独向 NameNode 汇报。

2.2.5　HDFS 文件操作方式

HDFS 文件操作有两种方式：一种是命令行方式，Hadoop 提供了一套与 Linux

文件命令类似的命令行工具；另一种是 Java API，即利用 Hadoop 的 Java 库，采用编程的方式操作 HDFS 的文件。

1. 命令行模式

在 Linux 命令行终端，可以使用命令行工具对 HDFS 进行操作。使用这些命令行可以完成 HDFS 文件的上传、下载和复制，还可以查看文件信息、格式化 NameNode 等。

HDFS 提供了"命令前缀 + 实际命令"(和 Linux 多数相同)的命令行模式，来实现具体的操作命令。如新建文件夹，Linux 的命令是"mkdir"，在 HDFS 上新建文件夹的命令则为"命令前缀+mkdir"。

HDFS 提供 3 种 Shell 命令前缀：一种是"hadoop fs"，使用面最广，可以操作任何文件系统；一种是"hadoop dfs"，只能操作 HDFS 文件系统，此方式在新版本中会被放弃，不建议使用；最后一种是"hdfs dfs"，也经常使用，仅能操作 HDFS 文件系统。

以在 HDFS 上新建文件夹的命令为例，可以输入"hadoop fs-mkdir"或"hdfs dfs-mkdir"命令完成操作。同样的，后缀命令也可以是 ls、put、get、rm、mkdir、cat 等 Linux 常用命令。

2. Java 接口方式

使用 Java API 可以完成对 HDFS 的各种操作，如新建文件、删除文件、读取文件内容等。下面将介绍 HDFS 常用的 Java API 及其编程实例。

对 HDFS 中的文件操作主要涉及以下几类，见表 2-2 所示。

表 2-2　HDFS 主要 Java API 列表

名　　称	作　　用
org.apache.hadoop.con.Configuration	该类的对象封装了客户端或者服务器的配置
org.apache.hadoop.fs.FileSystem	该类的对象是一个文件系统对象，可以用该对象的一些方法来对文件进行操作
org.apache.hadoop.fs.FileStatus	该类用于向客户端展示系统中文件和目录的元数据，具体包括文件大小、块大小、副本信息、所有者、修改时间等
org.apache.hadoop.fs.FSDatalnputStream	该类是 HDFS 中的输入流，用于读取 Hadoop 文件
org.apache.hadoop.fs.FSDataOutputStrem	该类是 HDFS 中的输出流，用于写 Hadoop 文件
org.apache.hadoop.fs.Path	该类用于表示 Hadoop 文件系统中的文件或者目录的路径

一段写入文件的代码如下：

```
public static void saveHDFSFile throws IOException, URISyntaxException {

    Configuration conf = new Configuration();

    URI uri = new URI("hdfs://master:9000");

    FileSystem fs = FileSystem.get(uri, conf);

    // 本地文件

    Path src = new Path("/home/hadoop/file.zip");

    //HDFS 存放位置

    Path dst = new Path("/");

    fs.copyFromLocalFile(src, dst);

    System.out.println("Upload to " + conf.get("fs.defaultFS"));

    //相当于 hdfs dfs -ls /

    FileStatus files[] = fs.listStatus(dst);

    for (FileStatus file：files) {

        System.out.println(file.getPath());

    }

    fs.close()

}
```

3. 管理 Web 界面

在配置好 Hadoop 集群之后，用户可以通过 Web 界面查看 HDFS 集群的状态，以及访问 HDFS，访问地址如下：

http://[NameNodeIP]：50070(hadoop2.*)

http://[NameNodeIP]：8070(hadoop3.*)

其中，[NameNodeIP]为 HDFS 集群的 NameNode 的 IP 地址。登录后，用户可以查看 HDFS 的信息。

通过 HDFS NameNode 的 Web 界面，用户可以查看 HDFS 中各个节点的分布信息，浏览 NameNode 上的存储、登录等日志，以及下载某个 DataNode 上某个文件的内容；可以查看整个集群的磁盘总容量、HDFS 已经使用的存储空间量、非 HDFS 已经使用的存储空间量、HDFS 剩余的存储空间量等信息，以及查看集群中的活动节点数和宕机节点数，如图 2-14 所示。

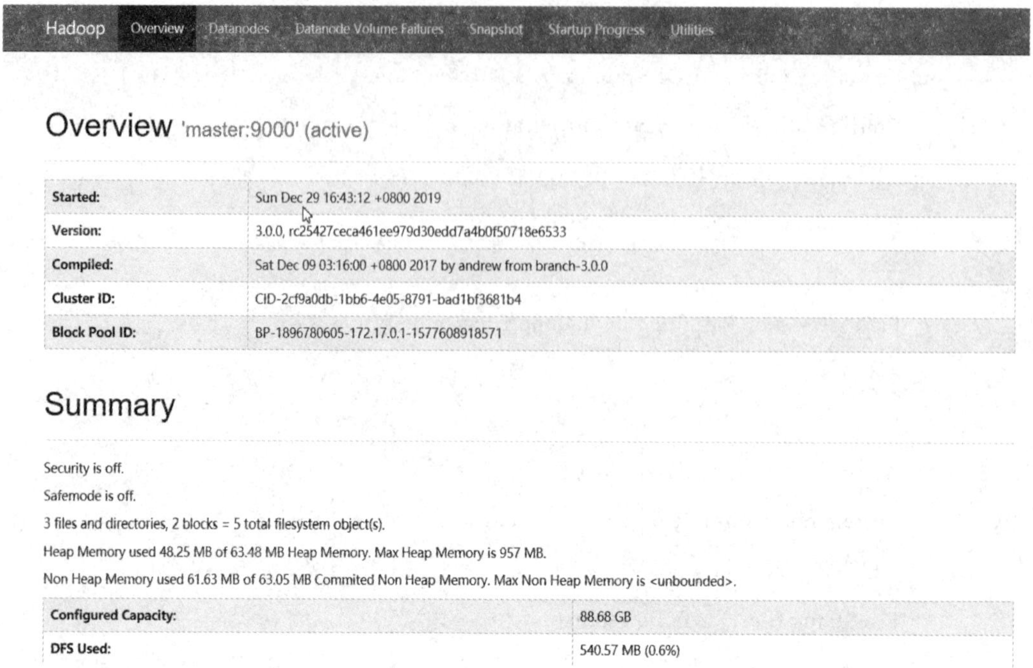

Hadoop　　Overview　Datanodes　Datanode Volume Failures　Snapshot　Startup Progress　Utilities

Overview 'master:9000' (active)

Started:	Sun Dec 29 16:43:12 +0800 2019
Version:	3.0.0, rc25427ceca461ee979d30edd7a4b0f50718e6533
Compiled:	Sat Dec 09 03:16:00 +0800 2017 by andrew from branch-3.0.0
Cluster ID:	CID-2cf9a0db-1bb6-4e05-8791-bad1bf3681b4
Block Pool ID:	BP-1896780605-172.17.0.1-1577608918571

Summary

Security is off.

Safemode is off.

3 files and directories, 2 blocks = 5 total filesystem object(s).

Heap Memory used 48.25 MB of 63.48 MB Heap Memory. Max Heap Memory is 957 MB.

Non Heap Memory used 61.63 MB of 63.05 MB Commited Non Heap Memory. Max Non Heap Memory is <unbounded>.

Configured Capacity:	88.68 GB
DFS Used:	540.57 MB (0.6%)

图 2-14　HDFS NameNode 的 Web 管理界面

2.3　HDFS 分布式部署实战

HDFS 有 3 种部署模式：一是单机模式，使用本地文件系统，不使用 HDFS 文件系统，仅用于命令测试或功能体验；二是伪分布模式，使用 HDFS 文件系统，但仅在一台机器上部署，多用于测试；三是分布式模式，使用 HDFS 文件系统，且在多台机器上部署，是生成环境下常用的部署模式。

本节以目前流行的 Docker 虚拟化技术，来模拟实现一个"一主三从"4 个节点的 HDFS 集群。

2.3.1　虚拟化技术

虚拟化(Virtualization)是一种资源管理技术，可以将计算机的各种实体资源，如服务器、网络、内存及存储等，予以抽象、转换后呈现出来，打破实体结构间的不可切割的障碍，可以使用户用比原本的组态更好的方式来应用这些资源。

按照应用模式分类，可以将虚拟化分为一对多、多对一和多对多 3 种：

(1) 一对多：将一个物理服务器划分为多个虚拟服务器，也是我们稍后要实现的方式，在一台计算机上模拟多台机器，实现"伪"集群。

(2) 多对一: 将多个机器虚拟成一台机器, 将它们作为一个资源池。HDFS 就是多对一的虚拟化, 将多台计算机的存储能力虚拟成一块大硬盘。

(3) 多对多: 将前两种模式结合在一起。很多云计算厂商就采用多对多模式, 将成百上千台服务器的存储和计算能力虚拟成一个超级计算机, 然后再按需分配给各个用户。

1. 常见的虚拟化软件和技术

目前在 Linux 上有两种免费的开源虚拟化方案 Xen 和 KVM。Xen 是个开放源代码虚拟机监视器, 由剑桥大学开发, 也是最早的运行在裸机上的虚拟化管理程序(Hypervisor), 是当前相当一部分商业化运作公司的基础技术, 其中包括 Citrix 系统公司的 XenServer 和 Oracle 的虚拟机。KVM 是一个轻量级的虚拟化管理程序模块, 是基于 Linux 内核(Kernel-based)的虚拟机(Virtual Machine), 其最大的好处就在于它是与 Linux 内核集成的, 所以速度很快。

商业虚拟化软件主要有 VMware 公司的 vSphere 和微软的 Hyper-V。VMware 的虚拟化产品包括 vSphere 等一系列数据中心虚拟化产品以及 vCenter 等一系列应用程序和基础架构管理工具, 可以帮助企业以一种渐进的、非破坏性的方式实现云计算, 获得高效、灵活、可靠的 IT, 即服务。微软的 Hyper-V 作为 Windows Server 2008 的组成部分, 是推出的新一代基于 Hypervisor 的服务器虚拟化技术, 可将多个服务器整合成在单一物理服务器上运行的不同虚拟机, 进而大大节省服务器等硬件投资。

前面介绍的虚拟化软件多是对主机资源"分割利用", 效率都不是很高。例如, 在 Win 10 计算机上装一个 VMware 虚拟机, 就可以在 Windows 上运行 Linux 了, 但 Win 10 主机资源占用极大。

容器技术(Container)是比较新的一代虚拟化方案,可以在一台宿主机上虚拟多个操作系统, 并和宿主机共享计算资源。一个理想的容器方案是: 一台 16 GB 内存的服务器, 可以运行多个容器, 每个容器都有独立的 IP 地址, 运行不同的服务应用, 多个容器与宿主共享 16 GB 的内存(和 CPU 资源)。

Docker 是一个开源的应用容器引擎。Docker 产生的初衷是通过对应用组件的封装、分发、部署、运行等生命周期的管理, 达到应用组件级别的"一次封装, 到处运行"。

2. Docker 虚拟化技术

具体而言, Docker 与传统虚拟机的特性对比如表 2-3 所示。

表 2-3   Docker 与传统虚拟机特性对比

特 性	容 器	虚 拟 机
启动	秒级	分钟级
硬盘使用	一般为 MB	一般为 GB
性能	接近原生	弱于原生
系统支持量	单机支持上千个容器	单击支持几个虚拟机

Docker 由镜像(Image)、容器(Container)和仓库(Repository)三大核心组成，其主要结构如图 2-15 所示。

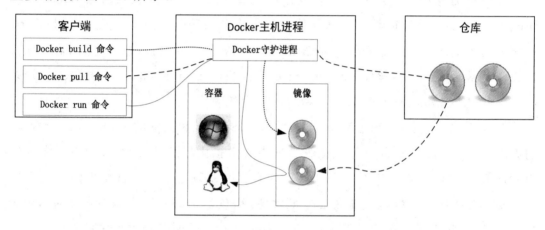

图 2-15   Docker 的组成部分

1) 镜像

Docker 的镜像可以认为是给电脑装系统用的"只读"系统光盘，里面有操作系统的程序，还有一些光盘在操作系统的基础上安装了必要的软件，如 Web 容器 Tomcat、关系型数据库 MySQL 等。镜像构建时，会一层层构建，前一层是后一层的基础。每一层构建完就不会再发生改变，后一层上的任何改变只发生在自己这一层。

2) 容器

镜像和容器的关系，就像是面向对象程序设计中的类和实例一样，镜像是静态的定义，容器是镜像运行时的实体。容器可以被创建、启动、停止、删除、暂停等。容器可以理解为从系统安装光盘安装好了的系统，是真正跑项目程序、消耗机器资源、提供服务的地方。

容器的实质是进程，但与直接在宿主执行的进程不同，容器进程运行于属于自己的独立命名空间。因此容器可以拥有自己的文件系统、网络配置、进程空间，甚至自己的用户空间。容器内的进程运行在一个隔离的环境里，是一个独立于宿主的操作系统。这种特性使得容器封装的应用比直接在宿主运行的应用更加安全。

3) 仓库

镜像仓库，用于存储具体的 Docker 镜像，起到的是仓库存储作用。Docker 提供了 Docker Registry(仓库注册中心)，统一管理各种镜像的存储、分发镜像的服务。

一个 Docker Registry 中可以包含多个仓库，每个仓库对应着一个产品，如 Ubuntu 仓库、CentOS 仓库。每个仓库可以包含多个标签(Tag)，每个标签对应一个具体的镜像。通常，一个仓库会包含同一个软件不同版本的镜像，而标签就常用于对应该软件的各个版本。可以通过"<仓库名>：<标签>"的格式来具体指定软件版本的镜像。如果不给出标签，将以 latest 作为默认标签。

以 Ubuntu 镜像为例，Ubuntu 是仓库的名字，其内包含有不同的版本标签。可以通过 ubuntu：16.04，或者 ubuntu：18.04 来具体指定需要哪个版本的镜像。如果忽略了标签，比如 Ubuntu，那将视为 ubuntu：latest。

Docker Registry 分为公有和私有两种。公有注册服务在互联网上提供公开服务，包括 Docker 官方 Registry，叫作 Dock Hub，国内的有网易云镜像服务、DaoCloud 镜像市场、阿里云镜像库等。私有的注册服务一般构建在大型公司，仅供公司内部使用。

2.3.2　实验设计

1. 实验环境

实验环境在 Ubuntu 18.04 主机下进行，需要安装 Docker 虚拟化软件。使用 Docker 虚拟化软件模拟 4 台 CentOS 服务器节点。为了方便使用终端管理 CentOS 操作系统，使用了 Xshell 终端工具。也可以在 Windows 上安装 Docker 桌面版，完成下述实验，命令不变。具体实验环境如表 2-4 所示。

表 2-4　实 验 环 境

序　号	所需软件类别	环境和软件名称
1	实验主机	Ubuntu
2	虚拟机操作系统	CentOS
3	Hadoop	Apache 官网 Hadoop 安装包
4	虚拟化工具	Docker
5	终端工具	Xshell

2. 集群设计

实验设置了"一主三从"的集群，有了 Docker 虚拟化技术，没有必要真的找4 台计算机部署，在主机上虚拟 4 个容器就可以，容器都采用 CentOS 操作系统。容器主机名定义和角色划分如图 2-16 所示。其中，"一主"机器就是 NameNode 节点，把它的主机名命名为 Master；"三从"就是三台 DataNode 节点，分别把它们命名为 Slave01、Slave02 和 Slave03。由于 Docker 是根据容器启动顺序动态设置 IP 地址，特别注意需要从 Master 到 Slave01、Slave02、Slave03 依次启动容器。

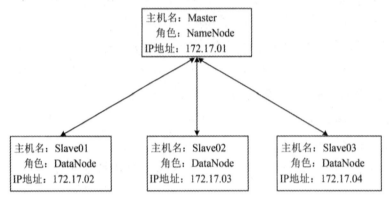

图 2-16   "一主三从"的 HDFS 集群设计

2.3.3   实验过程

1. 实验镜像文件的制作

可以使用 docker search 命令找到已经做好的 Hadoop 镜像文件进行实验。这里为了完整演示安装流程，以最基础的带有 SSH 功能的 CentOS 镜像文件为起点，编写了一个 DockerFile 文件，自动化地安装 Java、Hadoop，设置相应的环境变量，生成 HDFS 用户，并修改容器上的 Hadoop、Spark 等目录所属用户为 HDFS，将 HDFS 用户的密码设为 12345678。

DockerFile 文件内容如下：

```
#基于 centos7-ssh 构建
FROM centos7-ssh
#安装 java
ADD jdk-8u152-linux-x64.tar.gz /usr/local/
#安装 hadoop
ADD hadoop-3.0.0.tar.gz /usr/local
```

```
#重命名路径
RUN mv /usr/local /jdk1.8.0-152 /usr/local /jdk1.8\
&& mv /usr/local/hadoop-3.0.0 /usr/local/hadoop\
#创建 hdfs 账号
&& useradd hdfs\
&& echo "hdfs:12345678"|chpasswd\
&& sudo usermod -a -G hdfs hdfs
#修改所属用户
RUN chown -R hdfs:hdfs /usr/local/hadoop\
&& yum install-ywhich sudo

#配置 JAVA 环境变量
ENV JAVA-HOME /usr/local/jdk1.8
ENV PATH $JAVA-HOME/bin:$PATH
#配置 hadoop 环境变量
ENV HADOOP-HOME /usr/local/hadoop
ENV PATH $HADOOP-HOME/bin:$PATH
ENV PATH $HADOOP-HOME/sbin:$PATH
```

进入 DockerFile 文件所在的目录，使用 docker build 命令构建一个新的镜像文件，命名为 centos7-hadoop。命令如下：

```
cd /software/dockerfile/hadoop
sudo docker build -t="centos7-hadoop" .
```

通过 docker images 命令查看执行结果。可以看到，在安装好 Hadoop 相关软件后，centos7 镜像文件由原来的 311 MB 增加到了 3.19 GB，如图 2-17 所示。

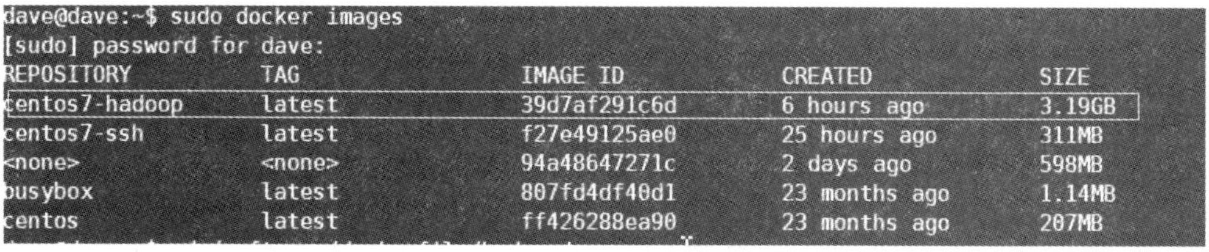

```
dave@dave:~$ sudo docker images
[sudo] password for dave:
REPOSITORY        TAG        IMAGE ID        CREATED          SIZE
centos7-hadoop    latest     39d7af291c6d    6 hours ago      3.19GB
centos7-ssh       latest     f27e49125ae0    25 hours ago     311MB
<none>            <none>     94a48647271c    2 days ago       598MB
busybox           latest     807fd4df40d1    23 months ago    1.14MB
centos            latest     ff426288ea90    23 months ago    207MB
```

图 2-17　镜像列表查看

2. 基于 Docker 技术创建 4 台 CentOS 虚拟机

用已经做的镜像文件 centos7-hadoop，快速创建 4 台虚拟机容器，作为后面要用到的 Master 和 3 台 Slave 机器，如图 2-18 所示。

centos7-hadoop   Master/Slave01/Slave02/Slave03

图 2-18   利用镜像生成实验节点容器

我们先打开 Xshell 软件，利用 docker images 命令，查看已安装的 Docker 镜像文件，可以看到，这里有一个事先做好的镜像文件 centos7-hadoop，大小是 3.19 GB。

使用这个镜像文件创建 4 台容器。首先创建 Master 节点：

```
#创建 master 节点
    sudo docker run -d -P -p 50070:50070 -p 8088:8088 -p 8900:8080 --name master -h
master --add-host master:172.17.0.1 --add-host slave01:172.17.0.2 --add-host slave02: 172.17.0.3
--add-host slave03:172.17.0.4 centos7-hadoop
```

该命令中参数 p 后面是端口映射，将容器内的端口地址映射到 Ubuntu 主机上，这样就可以通过主机上的端口，访问容器内相应的服务；参数 name 后面是容器名称，参数 h 后面是容器主机名称；参数 add-host 是写入容器内 host 文件的主机名和 IP 地址映射关系，如 Slave01 主机对应着 172.17.0.2，这里要设置"一主三从"4 条记录。命令最后指定使用的镜像文件是 centos7-hadoop，在这个镜像文件里，已经预先设置好了 HDFS 安装文件和环境变量，执行成功后会返回一串 16 进制的字符串，这是刚创建容器的标识 ID，如图 2-19 所示。

```
dave@dave:/software/dockerfile/hadoop$ sudo docker run -d -P -p 50070:50070 -p 8088:8088 -p 8900:8080 --name master -h master --add-h
ost master:172.17.0.1 --add-host slave01:172.17.0.2 --add host slave02:172.17.0.3 --add-host slave03:172.17.0.4 centos7-hadoop
c3a16b274333c202e7eba6e3fa1cd8bd2ea31e5d28d537d10217f92f1a330ee5
```

图 2-19   创建并启动 Master 节点

接下来，更新容器名称和主机名称，其他参数不变，分别创建 Slave01、Slave02 和 Slave03 这 3 个容器：

```
#创建 slave01
    sudo docker run -d -P --name slave01 -h slave01 --add-host master:172.17.0.1 --add-host
slave01:172.17.0.2 --add-host slave02:172.17.0.3 --add-host slave03:172.17.0.4 centos7-hadoop


#创建 slave02
    sudo docker run -d -P --name slave02 -h slave02 --add-host slave01:172.17.0.2 --add-host
slave02:172.17.0.3 --add-host master:172.17.0.1 --add-host slave03:172.17.0.4 centos7-hadoop


#创建 slave03
```

```
sudo docker run -d -P --name slave03 -h slave03 --add-host slave01:172.17.0.2 --add-host
slave02:172.17.0.3 --add-host slave03:172.17.0.4 --add-host master:172.17.0.1 centos7-hadoop
```

首先打开 Xshell 工具，分别新建 4 个终端窗口，连接到 4 台虚拟节点 Ubuntu
系统。在 4 个终端窗口分别执行以下命令：

```
sudo docker exec -it master /bin/bash
sudo docker exec -it slave01 /bin/bash
sudo docker exec -it slave02 /bin/bash
sudo docker exec -it slave03 /bin/bash
```

使用 Xshell 的瓷砖排列功能，重新布局 4 个终端窗口的排列位置，将标签名
字改为主机名，方便辨识，如图 2-20 所示。

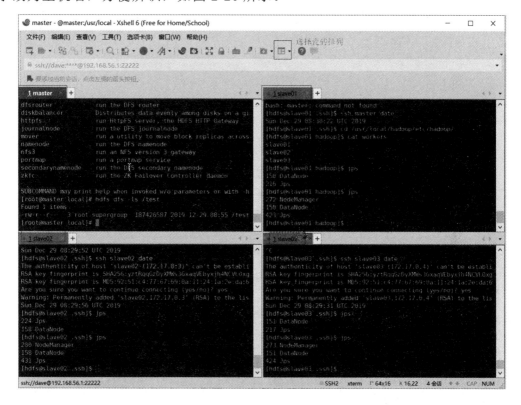

图 2-20　Xshell 连接 4 个容器

至此，已经成功创建了 4 台 CentOS 虚拟机，也体会到了 Docker 虚拟化的方
便快捷。

3. 配置 SSH 免密登录

下面继续配置 HDFS。在 HDFS 集群中，常在 Master 节点即 NamdeNode 角色
的机器上执行管理集群命令，这些命令需要通过 SSH 协议远程登录到 Slave 节点

上进行相应操作。每次 SSH 时都默认需要输入口令，费时费力，因此需要进行 SSH
免密登录配置。

首先，在 4 个节点产生证书。以下操作在所有节点上执行，运行以下命令：

#切换到 HDFS 账号

su hdfs

#生成 hdfs 账号的密钥对，执行后会有多个输入提示，不用输入任何内容，全部直接
回车即可

ssh-keygen -t rsa

然后将 Master 的公钥拷贝到 4 个节点上，在 Master 节点上执行以下 4 条语句。

#将生成的 authorized-keys 文件拷贝到其余节点,Y 过程中若有提问全部选 yes 或者输
入回车键，需要输入 HDFS 用户的口令 12345678

ssh-copy-id master # 有提示 enter 键，并输入 HDFS 的口令 12345678，下同

ssh-copy-id slave01

ssh-copy-id slave02

ssh-copy-id slave03

最后验证配置是否成功，即各个节点之间能够通过 SSH 免密登录，以登录
Slave01 为例，如图 2-21 所示。

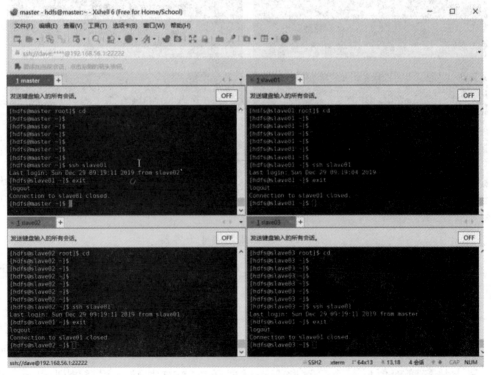

图 2-21   验证 SSH 免密登录

4. 修改配置文件

下面修改 Hadoop 的配置文件。本次实验只配置 HDFS 功能，所以只需要修改 hadoop-env.sh、slaves、core-site.xml 和 hdfs-site.xml 4 个配置文件。Hadoop 提供了十余个配置文件、数百个的配置项，全面、精细地控制着整个集群的运行。大数据运维工程师的一个核心能力是熟悉这些配置文件及其参数的具体作用，并能在不同的生产环境下进行最优配置。

这里不再详细给出 4 个文件的具体内容，只介绍 4 个文件的大体作用：hadoop-evn.sh 控制着 Hadoop 集群的环境参数，如 Java 环境变量等；Slaves 描述了所有 DataNode 节点的主机名列表；core-site.xml 配置了 HDFS 对外的服务端口(默认 9000)和临时文件目录等信息；hdfs-site.xml 配置了 HDFS 元数据和数据目录位置、副本数等信息。本次实验，将副本数设为 2。

最后注意，集群中“一主三从”4 个节点都要修改，一个简便的方法是修改后统一拷贝覆盖。实际部署时，这一步骤最耗时间，也最为重要，也可以使用 ZooKeeper 等工具提供的配置文件内容同步功能。

5. 格式化并启动 HDFS 文件系统

和普通硬盘一样，第一次使用前，需要将文件系统格式化。Master 节点上的 /usr/local/hadoop/bin 目录是 HDFS 常用命令的存放目录，执行 format 命令，格式化分布式文件系统：

```
hdfs namenode -format   # 格式化 NameNode，只执行一次即可
```

成功的标志如图 2-22 所示。

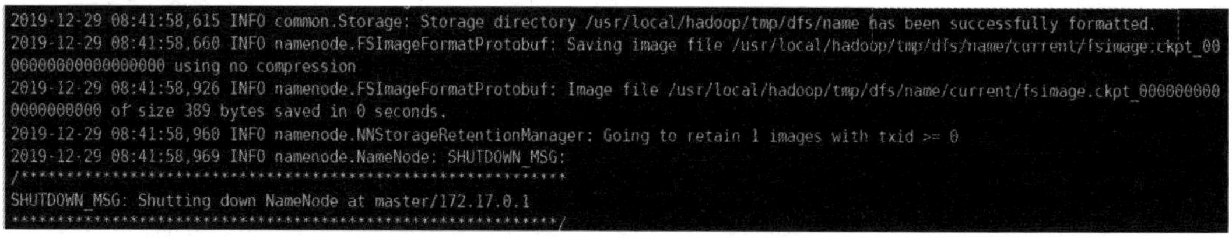

```
2019-12-29 08:41:58,615 INFO common.Storage: Storage directory /usr/local/hadoop/tmp/dfs/name has been successfully formatted.
2019-12-29 08:41:58,660 INFO namenode.FSImageFormatProtobuf: Saving image file /usr/local/hadoop/tmp/dfs/name/current/fsimage.ckpt_00
00000000000000000 using no compression
2019-12-29 08:41:58,926 INFO namenode.FSImageFormatProtobuf: Image file /usr/local/hadoop/tmp/dfs/name/current/fsimage.ckpt_000000000
0000000000 of size 389 bytes saved in 0 seconds.
2019-12-29 08:41:58,960 INFO namenode.NNStorageRetentionManager: Going to retain 1 images with txid >= 0
2019-12-29 08:41:58,969 INFO namenode.NameNode: SHUTDOWN_MSG:
/************************************************************
SHUTDOWN_MSG: Shutting down NameNode at master/172.17.0.1
************************************************************/
```

图 2-22　格式化 NameNode

格式化完成后，要留意最后提示的成功格式化和状态 0 的提示，这代表格式化成功。接下来进入/usr/local/hadoop/sbin 目录，这里存放着 HDFS 的常用管理命令，执行 start-dfs 命令，启动 HDFS 相关服务进程。

使用 Xshell 的发送键到所有会话功能，可以在打开的 4 个终端窗口里同时输入相同的命令，通过 jps 命令，只要看到 4 个节点的“NameNode”和“DataNode” Java 进程全部启动，就表示 HDFS 后台进程启动成功，如图 2-23 所示。

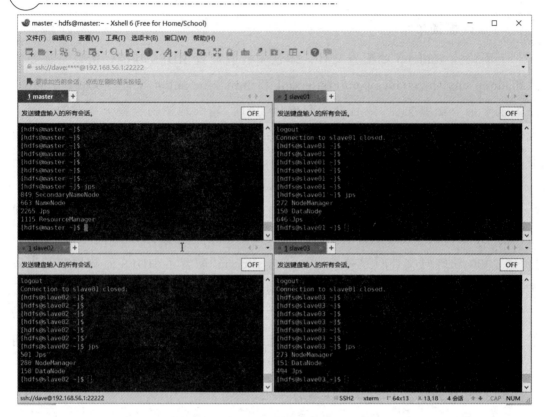

图 2-23　启动 HDFS 和 YARN

　　为了验证分块存储功能，下面生成一个超过 128 MB 的压缩文件。将 Spark 目录打包生成文件 spark.tar.gz，其大小是 178 MB：

```
tar -zcvf /usr/local/hadoop/spark.tar.gz /usr/local/spark/
```

将这个文件上传到 HDFS 文件系统：

```
#创建 test 目录
hadoop fs -mkdir /test
#将刚压缩的文件上传到/test 目录上
hadoop fs -put /usr/local/hadoop/spark.tar.gz /test
```

　　切换到 Ubuntu 主机上，打开浏览器，在地址栏输入"http://localhost：50070"，然后点击最右侧的工具和浏览文件系统，如图 2-24 所示。

图 2-24　Web 界面查看文件系统

在搜索框输入"/test"，单击"Go！"，可以看到刚上传的 Spark 压缩文件，单击文件名，可以看到文件分块信息，如图 2-25 所示。

Browse Directory

Permission	Owner	Group	Size	Last Modified	Replication	Block Size	Name
-rw-r--r--	hdfs	supergroup	178.75 MB	2018年2月12日 21:49:28	2	128 MB	spark.tar.gz

图 2-25　查看文件信息

这里把 178 MB 的 Spark 压缩文件分成了两个文件块(Block)，其中 Block0 存放在 Slave01 和 Slave02 节点上，Block1 存放在 Slave02 和 Slave03 节点上，符合前面设定的每个文件块保留 2 个副本的策略，如图 2-26 所示。

图 2-26　查看文件详细信息

至此，完成了整个实验过程。要想学好大数据存储和管理，必须要熟练使用 Linux 命令、熟悉 Hadoop 各个组件的配置方法。

小　结

　　分布式文件系统是分布式存储和计算的基础。HDFS 设计并实现了一个中心式、可以运行在廉价机器上的分布式文件存储框架，以替代操作系统本身的本地文件系统。通过名称节点、数据节点等架构的设计，以及编辑日志和镜像文件等核心数据结构，HDFS 实现了高容错的副本策略、高效的流式文件读写，可以构建低成本的大数据存储环境，进而管理 PB 级、百万个文件和数千个节点的大数据资源。

第 3 章

NoSQL 数据库

3.1　数据管理技术的发展

数据是可记录的事实或观察结果。人类有数据以来，数据记录的存储方法和管理技术就在不断地发展着。从数万年前的壁画，到数千年前的青铜、羊皮、甲骨和竹简，人类缔造辉煌文明的同时，需要被记录的东西也越来越多。据说汉朝东方朔的简历足足写了三千多片竹简。纸张的发明和广泛应用，推动人类进入工业文明阶段。今天，随着电子信息技术的发展，硬盘、光盘成为日常数据存储和交换的主要载体。网络技术的发展，使得数据的交换更加便捷，找工作投简历只需要写好邮件后点击发送，就可以完成 2000 年前需要马车才能完成的工作了。

数据存储和交换更加便捷，个人和单位需要存储和管理的数据也越来越多，如何对这些数据进行分类、组织、编码、查询和维护，就成了新的挑战。总的来说，数据管理技术的发展经历了 3 个阶段，即人工管理阶段、文件系统阶段和数据库系统阶段。

1. 人工管理阶段

在计算机出现之前，人们主要利用纸张和计算工具(如算盘和计算尺)进行数据的记录和计算，依靠大脑来管理和利用数据。20 世纪 50 年代后，计算机虽然被发明，但还属于"奢侈品"，只用在少数科学研究和实验中，穿孔纸带是当时最常用的输入输出介质。这一阶段，数据不能被长期保存，不便于查询，也难于共享。

2. 文件系统阶段

在 20 世纪 60 年代，计算机中的磁盘和磁鼓等直接存取设备开始普及，计算机开始出现在中小企业的生产和商业活动中。人们可以将数据存储在计算机的磁盘上，通过计算机上的文件系统来管理这些文件。这一阶段，数据可以长期保存，但数据冗余度大、共享性差，仅实现了文件名称的简单查询，无法进行灵活的内容查询。

其实，现在的大多数个人还都处于这个阶段，在自己电脑上存储的大量数据，如学习笔记、汇报 PPT、音乐、照片、电影等，都是以文件形式存储的。

3. 数据库系统阶段

在 20 世纪 60 年代后期，随着网络技术的发展和计算机软/硬件的进步，出现了数据库技术。数据库系统阶段使用专门的数据库来管理数据，用户可以在数据库系统中建立数据库，然后在数据库中建立表，最后将数据存储在这些表中。

相对于文件系统，数据库系统实现了数据结构化。在文件系统中，独立文件内部的数据一般是有结构的，但文件之间不存在联系，因此整体来说是没有结构的。数据库系统虽然也常常分成许多单独的数据文件，但是它更注重同一数据库中各数据文件之间的相互联系。

数据库系统可以方便地实现数据共享，所有通过网络连接到数据库系统的授权用户可以直接通过数据库管理系统来查询表中的数据，数据组织粒度更小，查询方式更加灵活。

数据管理 3 个阶段的划分和主要特性如表 3-1 所示。

表 3-1　数据管理的 3 个阶段和主要特性

时　间	人工管理(20 世纪 50 年代中期)	文件系统(20 世纪 50 年代末至 60 年代中期)	数据库系统(20 世纪 60 年代后期至今)
应用背景	科学计算	科学计算、管理	大规模数据、分布数据的管理
硬件背景	无直接存取存储设备	磁带、磁盘、磁鼓	大容量磁盘、可擦写光盘、按需增容磁带机等
软件背景	无专门管理的软件	利用操作系统的文件系统	由数据库管理系统支撑
数据处理方式	批处理	联机实时处理、批处理	联机实时处理、批处理、分布式处理
数据的管理者	用户/程序管理	文件系统代理	数据库管理系统管理
数据应用及其扩充	面向某一应用程序难以扩充	面向某一应用系统、不易扩充	面向多种应用系统、容易扩充
数据的共享性	无共享、冗余度极大	共享性差、冗余度大	共享性好、冗余度小
数据的独立性	数据的独立性差	物理独立性好、逻辑独立性差	具有高度的物理独立性、较好的逻辑独立性
数据的结构化	数据无结构	记录内有结构、整体无结构	统一数据模型、整体结构化
数据的安全性	应用程序保护	文件系统保护	由数据库管理系统提供完善的安全保护

随着互联网和移动互联的兴起，现在人们正处于新的大数据管理阶段。这一阶段，大数据管理像是"文件管理+"和"数据库管理+"的复合体。

"文件管理+"是指数据虽然是以文件形式存储的，但通过云计算技术，实现了更好的共享、更省的存储和更快的查询。例如一部高清的 1 GB 的电影文件，可以方便地将其发布到百度网盘共享；其他网友获取了这部电影的网盘链接，保存到自己的网盘，也并不是真的新增 1 GB 的存储空间。百度公司会对所有的共享文件进行唯一编码，只要文件原始内容一样，其编码就相同。这样，同一部电影哪怕被上万人保存到自己的网盘，也会共享一个文件存储链接，极大地节省了存储空间。

"数据库管理+"是相对于传统的以关系型数据库为主的数据库系统。更多的非关系型数据库系统开始出现，并在互联网公司承担越来越多的作用。例如，谷歌公司为了应对海量网页文件数据的管理，开发了新的宽列(列族)数据库，单表可以存储百万个列、十亿条数据。腾讯公司应用图数据库，哪怕一篇涉嫌违规的文章在朋友圈转发了上千万次，也可以快速查询文章的转发路径，找到"始作俑者"。

3.2 关系型数据库技术

在学习 NoSQL 数据库之前，先简单了解一下常用的关系型数据库。在全球知名的数据库流行度排行榜网站 DB-Engines 最新的数据库流行度排名(https://db-engines.com/en/ranking)中，关系型数据库依然牢牢占据着数据库应用市场的绝对主流地位，如图 3-1 所示。

Rank			DBMS	Database Model	Score		
Sep 2022	Aug 2022	Sep 2021			Sep 2022	Aug 2022	Sep 2021
1.	1.	1.	Oracle 🔼	Relational, Multi-model 🛈	1238.25	-22.54	-33.29
2.	2.	2.	MySQL 🔼	Relational, Multi-model 🛈	1212.47	+9.61	-0.06
3.	3.	3.	Microsoft SQL Server 🔼	Relational, Multi-model 🛈	926.30	-18.66	-44.55
4.	4.	4.	PostgreSQL 🔼	Relational, Multi-model 🛈	620.46	+2.46	+42.95
5.	5.	5.	MongoDB 🔼	Document, Multi-model 🛈	489.64	+11.97	-6.87
6.	6.	6.	Redis 🔼	Key-value, Multi-model 🛈	181.47	+5.08	+9.53
7.	↑8.	↑8.	Elasticsearch	Search engine, Multi-model 🛈	151.44	-3.64	-8.80
8.	↓7.	↓7.	IBM Db2	Relational, Multi-model 🛈	151.39	-5.83	-15.16
9.	9.	↑11.	Microsoft Access	Relational	140.03	-6.47	+23.09
10.	10.	↓9.	SQLite 🔼	Relational	138.82	-0.05	+10.17
11.	11.	↓10.	Cassandra 🔼	Wide column	119.11	+0.97	+0.12
12.	12.	12.	MariaDB 🔼	Relational, Multi-model 🛈	110.16	-3.74	+9.46
13.	13.	↑21.	Snowflake 🔼	Relational	103.50	+0.38	+51.43
14.	14.	↓13.	Splunk	Search engine	94.05	-3.39	+2.45
15.	15.	↑16.	Amazon DynamoDB 🔼	Multi-model 🛈	87.42	+0.16	+10.49
16.	16.	↓15.	Microsoft Azure SQL Database	Relational, Multi-model 🛈	84.42	-1.75	+6.16
17.	17.	↓14.	Hive	Relational	78.43	-0.22	-7.14
18.	18.	↓17.	Teradata	Relational, Multi-model 🛈	66.58	-2.49	-3.09
19.	19.	↓18.	Neo4j 🔼	Graph	59.48	+0.12	+1.85
20.	↑22.		Databricks	Multi-model 🛈	55.62	+1.00	

图 3-1 DB-Engines 网站的数据库流行度排名(前 20 名)

从图 3-1 中可以看出，Oracle、MySQL 和 SQL Server 得分在 1000 分左右，是绝对的数据库市场前三名，也都是传统的关系型数据库。这里要注意，在榜单中的"数据库模型"(Database Model)栏下，纯粹的"关系模型"(Ralational)数据库只有微软办公套件之一的数据库 Access(图中最新排名第 9)和嵌入式微型数据库 SQLite(图中最新排名第 10)等极少数几个。Oracle、MySQL 和 SQL Server 等更多的数据库在标记为"关系模型"的同时，还被定义为"多模型"(Multi-Model)数据库。

这些传统的数据库产品也在"与时俱进"，不断增加新的功能。比如 Oracle 和 SQL Server 数据库，目前也支持文档、图、空间数据的存储与管理。与后面要学习的纯粹的文档数据库 MongoDB (图中最新排名第 5)和图数据库 Neo4j(图中最新排名第 19)相比，这些传统数据库也在不断革新，以适应新的需求，占据更大的市场。

1. 常见的关系型数据库

1) 国外关系型数据库

Oracle 是大家较为熟悉的一个数据库。美国甲骨文公司是全球关系型数据库产品的领导者，Oracle 的产品线丰富，市场占有率高，功能强大，性能稳定，系统可移植性好，适用于 PC、服务器、大型机等各类硬件环境。但相对而言，Oracle 安装/删除复杂，学习曲线陡峭。

SQL Server 是美国微软公司推出的关系型数据库管理系统，它的优势是本地化完善，安装使用方便，容易上手，而且与 Windows、Excel、.NET 开发平台完美集成；不足之处是跨平台能力相对较弱，为易用性而封装了太多的配置细节，以至于很多技术人员使用了多年 SQL Server 数据库还不知道其默认监听(服务)的端口号，以及在哪里修改。

MySQL 最早由瑞典 MySQL AB 公司开发，分为收费的企业版和免费的社区版。其社区版是最流行的开源关系型数据库管理系统之一。LAMP 即 Linux 操作系统+Apche HTTP 服务+MySQL 数据库+PHP 开发语言，一度成为个人和中小企业开发网站的标配。MySQL 具有体积小、速度快、成本低、安装部署方便等特点，其官网上有 Noinstall 的免安装版，解压后可以用命令行方式运行；与 Oracle 安装卸载还需手工维护 Windows 注册表相比，其更加"绿色环保"，是学习关系型数据库的首选。

2008 年，发明 Java 语言的美国 Sun 公司收购了 MySQL。一年后，依靠 Java 技术迅速发展壮大的 Oracle 公司又收购了 Sun 公司，这就等于 Oracle 公司支配了 MySQL。一家靠数据库赚钱的公司收购了一款开源数据库产品，使得 MySQL 社区里面的技术人员对产品后续发展产生怀疑。一些核心技术人员决定另起炉灶，创建了开源数据库 MariaDB。如图 3-2 所示，两个产品的 LOGO 很像。基于 MySQL 强大的用户基础，MairaDB 的发展非常迅速，在 DB-Engines 最新的数据库流行度排名中位列第 12 名。

图 3-2　关系型数据库 MySQL 和 MariaDB 的 LOGO

2）国产关系型数据库

国产数据库因为早期都是以国家支持的科研项目为基础的，大多具有浓厚的高校背景。例如，达梦数据库由华中理工大学的冯玉才教授创办，人大金仓 Kingbase 数据库由中国人民大学王珊教授的数据库技术团队创建，南大通用 GBASE 数据库有南开大学的背景。这几款数据库开发得较早，目前已经在国内很多领域的国产化数据库替换工作中发挥了重要作用。

除了高校背景的数据库，互联网公司主导研发的数据库产品这几年也突飞猛进，如阿里公司的分布式关系型数据库 OceanBase，腾讯公司的分布式数据库 TDSQL，华为公司的突出人工智能特性的 GaussDB 等，如图 3-3 所示。

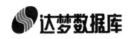

图 3-3　几种常用的国内关系型数据库

这里重点介绍阿里公司的 OceanBase，其官网(www.oceanbase.com)上介绍的产品特性为："OceanBase 拥有 4200 万次/s 处理峰值的纪录，单表最多记录数超 3200 亿条，单集群规模超 100 台、数据量超 2 PB，性能非常强大。"早在 2019 年 10 月，权威机构国际事务处理性能委员会(TPC)官网披露，蚂蚁金服的分布式关系型数据库 OceanBase，在被誉为"数据库领域世界杯"的 TPC-C 基准测试中，打破了由美国公司 Oracle 保持了 9 年之久的世界纪录，成为首个登顶该榜单的中国数据库产品，如图 3-4 所示。中国工程院院士、计算机专家李国杰对此评价说这是中国基础软件取得的重大突破。

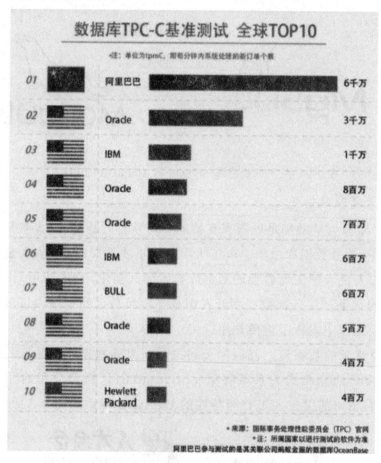

图 3-4　2019 年 TPC-C 基准测试排名

2. SQL 语言的发展

SQL 语言最早在 20 世纪 80 年代由 IBM 公司的技术人员提出，并应用在自家数据库产品 SystemR 上。1986 年，美国国家标准机构(ANSI)将 SQL 采纳为关系型数据库领域的美国国家标准，并公布了标准化后的 SQL。随后国际标准委员会(ISO)和国际电工技术委员会(IEC)也将其采纳为国际标准(ISO/IEC 9075)。

SQL 标准从 1986 年正式颁布开始，也一直随着计算机技术的深入应用而不断发展。一般习惯用"SQL+发布年份"对 SQL 的不同版本进行命名，如 1999 年发布的 SQL 规范，称为"SQL:1999"。对于特别重要的版本，SQL 标准也有别名，如"SQL-92"，也称为"SQL2"，是许多关系型数据库方言的基础；"SQL:1999"也称为"SQL3"，包括了触发器、面向对象特性等诸多重要特性。在最新的 SQL:2019 中，已经包含了 15 个部分（Part1～Part15）。已发布的 SQL 标准各版本如表 3-2 所示。

表 3-2　已发布的 SQL 标准各版本一览表

年份	名　称	新　特　性
1986	SQL-86	ANSI 发布的第一个版本
1989	SQL-89	小修改，包含了完整性约束
1992	SQL-92	大修改，又名 SQL2，是现代 SQL 的基础，是许多商业关系型数据库系统方言的基础
1999	SQL:1999	又名 SQL3，包括正则表达式、触发器、面向对象特性、OLAP 等新特性
2003	SQL:2003	对 SQL99 的小升级，增加了窗口函数、（值自动）生成列等特性
2006	SQL:2006	增加了对 XML 文件的支持，能够导入、存储、管理 XML 数据
2008	SQL:2008	增加了 TRUNCATE 语句、FETCH 子句和 INSTEAD OF 型触发器
2011	SQL:2011	强化了窗口函数和 FETCH 子句
2016	SQL:2016	增加了处理 JSON 数据的支持
2019	SQL:2019	规范了多维数组（MDarray）数据类型

一些商业数据库也提供基于标准 SQL 的扩展语言，也称方言(Dialect)。例如，PL/SQL(Procedural Language/SQL)是甲骨文公司专有的 SQL 扩展语言，作为 Oracle 客户端工具(如 SQL*Plus、Developer 等)访问服务器的操作语言。PL/SQL 有标准 SQL 所没有的特征，比如控制结构(如 IF-THEN-ELSE 等流控制语句)、自定义的存储过程和函数等。T-SQL 是微软公司 SQL Server 的数据库扩展语言，除了支持标准的 SQL 命令外，T-SQL 也对 SQL 做了许多补充，如变量说明、流控制语句、功能函数等。需要注意的是，在基于关系型数据库研发应用程序的过程中，同一数据库产品不同版本的方言也不尽相同。如在流行的对象关系映射(ORM)框架 Hibernate 中，以 Oracle 为例，既提供通用版本的 Oracle 方言(在配置文件中的参数为 org.hibernate.dialect.OracleDialect)，又提供不同的 Oracle 版本的方言(参数为 org.hibernate.dialect.Oracle9iDialect、org.hibernate.dialect.Oracle10gDialect 等)。

虽然现在大数据技术发展迅速，但因为 SQL 本身高度非过程化等特性和广泛的应用，许多大数据解决方案都提供了兼容 SQL 的数据管理和操作方法。例如，基于 Hadoop 的数据仓库 Hive 提供了 HSQL(Hive SQL)，基于内存的分布式技术框架 Spark 提供了 Spark SQL，已被阿里收购的大数据技术框架 Flink 提供了 Flink SQL。虽然这些 SQL 扩展方案不完全一致，但标准 SQL 让这些产品做到了尽可能统一，SQL 语言在大数据环境下也焕发了新的生机。

3.3 NoSQL 技术概述

3.3.1 传统数据库面临的挑战

进入 21 世纪后，随着 Web 2.0 应用的普及，传统的关系型数据库已经越来越难以满足日益增长的海量数据的存储与管理需求。这种挑战主要体现在"四高"(4H)上：

(1) 高性能(High Performance)：对数据库高并发读/写的需求。2019 年"双十一"时在无数"剁手党"的助攻下，阿里数据并发的峰值达到 54 万次/s，这种需求在关系型数据库诞生时的 20 世纪 70 年代是无法想象的。

(2) 高存储量(Huge Storage)：对海量数据的高效率存储和访问需求。目前微信日活跃用户达到 10 亿，每天产生的数据量也是天文数字，关系型数据库根本无法满足其存储需求。

(3) 高扩展性和高可用性(High Scalability & High Availability)。阿里巴巴、腾讯这样的公司，其数据量增长飞速，后台的数据存储设备肯定需要经常扩充，但用户使用的淘宝和微信却从来不间断服务，这是如何做到的呢？对于很多需要提供 24 h 不间断服务的网站来说，灵活的横向扩展能力是必不可少的，这也是很多新型数据库的必备特性，但对传统的数据库系统进行升级和扩展却是非常麻烦的事情，往往需要停机维护和数据迁移。这就是为什么以交易数据为主的传统大数据公司(电信、银行、证券等)经常会短信通知"某时段系统升级或维护，暂停服务"的原因。

哪里有需求，哪里就有技术革新。为了应对"四高"的挑战，一种与传统关系型数据库管理系统截然不同的数据库管理系统应运而生，这就是非关系型数据库 NoSQL。

3.3.2 NoSQL 技术的特点

1. NoSQL 的概念

21 世纪初，在 NoSQL 技术刚刚诞生的时候，其雄心勃勃要做传统数据库的掘墓人，其标志性的口号是"AntiSQL"，即反 SQL。

后来发现，传统数据库有着稳定而广阔的应用场景，而 NoSQL 产品也不能包打天下，大家各有优缺点，彼此无法互相取代，NoSQL 概念也逐渐演变为"不仅仅是 SQL"(Not only SQL)，即要做传统关系型数据库的扩展和补充，如图 3-5 所示。

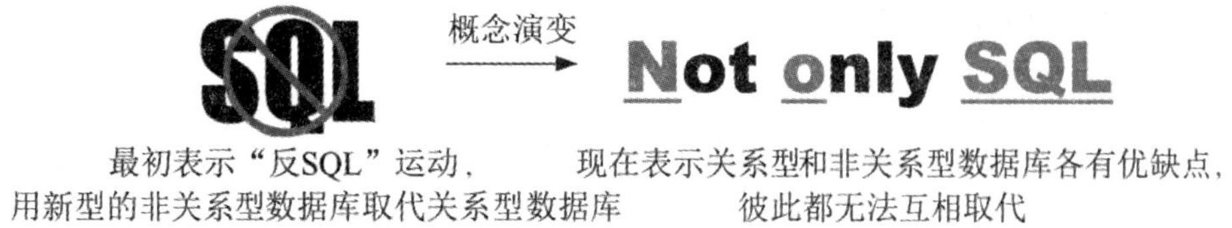

最初表示"反SQL"运动，　　　现在表示关系型和非关系型数据库各有优缺点，
用新型的非关系型数据库取代关系型数据库　　　彼此都无法互相取代

图 3-5　NoSQL 概念演变

现在，NoSQL 一般被称为非关系型数据库。作为一种与关系型数据库管理系统截然不同的数据库管理系统，NoSQL 具有以下特性：

(1) 大数据，高性能。NoSQL 可以轻松管理 TB、PB 级规模的数据，应对每秒万次的并发请求，在大数据量下性能大大优于传统关系型数据库。

(2) 灵活的数据模型。NoSQL 数据库的数据存储格式可以是松散的，即无须事先为要存储的数据建立字段约束，随时可以变化存储的数据格式。如表 3-3 所示，关系型数据库中的表是由列严格定义的，一旦确定表格由 4 个列组成，后面就很难再增加新的列内容。而非关系型数据库中，表里面的每一行都可以由不同的列组成，相当灵活。

表 3-3　关系型数据库与非关系型数据库数据模型对比

关系型数据库

姓名	年龄	性别	出生年月
a	20	M	1992-10-1
b	40	F	1972-8-24
c	30	M	1982-1-18
...	...	...	...

NoSQL

姓名：a	年龄：20	性别：M	出生年月：1992-10-1	爱好：旅游
姓名：b	年龄：40	出生年月：1972-8-24	电话：13912345678	
姓名：c	年龄：30	性别：M		
...	...	...	...	...

(3) 易扩展和高可用性。NoSQL 数据库可以灵活地通过添加服务器的方式扩展存储容量和计算能力，而不需要停止服务。此外，也可以非常方便地配置主从备份和集群模式，提供 7×24 h 服务。

基于 NoSQL 的特点，其适用场景主要包括以下 3 个：

(1) 数据模型比较简单或需要动态变化时；

(2) 数据量大，并发量高，对数据库性能要求严格时；

(3) 数据量增长迅速，需要方便横向扩展时。

NoSQL 也有不适用的场景：

(1) 需要严格事务约束的场景，因为 NoSQL 的技术架构通常只提供较弱的一致性保障。

(2) 需要多表联合复杂查询的场景，现在多数 NoSQL 只能提供简单的查询，且没有统一的类似 SQL 的查询语言。

生产环境下，往往将关系型数据库和非关系型数据库混合使用，各取所长。例如在电商领域，购物车等临时数据需要快速读/写，存放于 Redis 等键值数据库，可以提供每秒十万次的读/写性能；近期订单存放于 MySQL 关系型数据库，方便关联查询和事务处理；海量历史订单存放于 MongoDB 文档数据库，可以有更好的读/写性能。

2. NoSQL 与传统数据库的差异

可以从以下几个方面对比传统 SQL 数据库和 NoSQL 数据库：

(1) 在理论基础上，传统的 SQL 数据库有关系代数理论作为基础，NoSQL 没有统一的理论基础。

(2) 在数据规模上，传统的 SQL 数据库很难实现横向扩展，纵向扩展的空间也比较有限，性能会随着数据规模的增大而降低；NoSQL 可以很容易通过添加更多设备来支持更大规模的数据。

(3) 在数据库模式上，关系型数据库需要定义数据库模式，严格遵守数据定义和相关约束条件；NoSQL 不存在数据库模式，可以自由灵活定义并存储各种不同类型的数据。

(4) 在查询效率上，传统的 SQL 数据库借助于索引机制，可以实现快速查询(包括记录查询和范围查询)；很多 NoSQL 数据库没有面向复杂查询的索引，虽然 NoSQL 可以使用 MapReduce 来加速查询，但是在复杂查询方面的性能仍然不如传统的 SQL 数据库。

(5) 在一致性上，传统的 SQL 数据库严格遵守事务 ACID 模型，可以保证事务强一致性；很多 NoSQL 数据库放松了对事务 ACID 四性的要求，而是遵守 BASE 模型，只能保证最终一致性。

(6) 在数据完整性上，任何一个传统的 SQL 数据库都可以很容易实现数据完整性，包括实体完整性、参照完整性和用户自定义完整性；NoSQL 数据库却无法实现。

(7) 在可用性上，传统的 SQL 数据库在任何时候都以保证数据一致性为优先目标，其次才是优化系统性能，而随着数据规模的增大，传统的 SQL 数据库为了保证严格的一致性，只能提供相对较弱的可用性；大多数 NoSQL 都能提供较高的可用性。

(8) 在标准化上，传统的 SQL 数据库已经标准化(SQL)；NoSQL 还没有行业标准，不同的 NoSQL 数据库都有自己的查询语言，很难规范应用程序接口。

3.3.3　NoSQL 的理论基础

1. CAP 理论

CAP 理论又称 CAP 定理，指的是在一个分布式系统中，一致性(Consistency)、可用性(Availability)、分区容错性(Partition Tolerance)三者不可兼得，最多只能同时较好地满足两个，如图 3-6 所示。

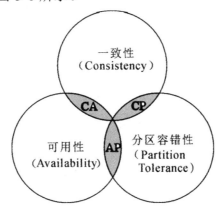

图 3-6　CAP 理论

一致性是指在分布式系统中的所有数据备份在同一时刻具有同样的值，即所有节点必须访问同一份最新的数据副本。如果系统对一个写操作返回成功，之后任意节点的读操作必须读到这个新数据；如果返回失败，则所有节点都不能读到这个数据，数据具有强一致性。

可用性是保证每个请求都要在一定时间内有响应。请求在一定时间内返回结果即可，结果可以成功，也可以失败。一定时间是指必须在给定的时间内返回结果；如果超时，则被认为不可用。

分区容错性是指系统中任意信息的丢失或失败不会影响系统的继续运作。大多数分布式系统都分布在多个子网络中，物理上分离的每个子网络叫作一个区，区间通信可能失败，区内数据也可能丢失，这种情况下系统也能够正常工作。

根据 CAP 定理，一个分布式系统可以满足 AP、CP 或 AC，但是不能同时满足 CAP。满足 CA，实现强一致性和可用性，放弃了分区容错性，将所有数据放到一台机器上，如传统的关系型数据库。满足 CP，实现强一致性和分区容错性，放弃可用性，当遇到跨节点的故障时，需要在较长时间等待数据一致，在这段时间内无法提供对外服务，目前主流的 NoSQL 数据库都属于这类，如 Redis、MongoDB 等。满足 AP，实现可用性和分区容错性，放弃强一致性，采取折中的"最终一致性"，如域名系统(DNS)。

2．BASE 原则

BASE 原则是基本可用(Basically Available)、软状态(Soft State)和最终一致性(Eventually Consistent)三个短语的简写，来源于大规模互联网系统分布式实践，是基于 CAP 定理逐步演化而来的。BASE 原则的核心思想是通过基本可用和最终一致性，对 CAP 中可用性和一致性权衡折中。

基本可用是指分布式系统在出现不可预知故障的时候，允许损失部分可用性。基本可用不是系统不可用，而是允许其在响应时间上延迟和部分功能失效。例如，正常情况下一个在线搜索引擎需要 1 s 内返回给用户查询结果，但由于出现异常(比如系统部分机房发生断电或断网故障，导致部分节点不可用)，查询结果的响应时间增加到了 2～4 s，或者将检索界面转移到其他界面以减少用户并发处理。

软状态是指允许系统中的数据存在中间状态，并认为该中间状态的存在不会影响系统的整体可用性，即允许系统在不同节点的数据副本之间进行数据同步的过程存在延时。

最终一致性强调的是系统中所有的数据副本在经过一段时间的同步后，最终能够达到一个一致的状态。最终一致性的本质是需要系统保证最终数据能够达到一致，而不需要实时保证系统数据的强一致性。

总的来说，BASE 原则面向的是大型高可用可扩展的分布式系统，和传统事务的 ACID 特性是相反的；它完全不同于 ACID 的强一致性模型，而是通过牺牲强一致性来获得可用性，并允许数据在一段时间内是不一致的，但最终达到一致状态。

3.4 常见的 NoSQL 数据库

3.4.1 NoSQL 数据库的分类

目前在工业界广泛使用的 NoSQL 数据库数量众多。归结起来，通常包括键值数据库、列族数据库、文档数据库和图数据库 4 类典型产品。

(1) 键值数据库：以 Redis 为代表，存储简单的键值(Key-Value)结构的数据。键是一个字符串对象，值可以是任意类型的数据，比如整型、字符型、数组等。

(2) 列族数据库：以 HBase 为代表，这种数据库的数据模型相对于键值数据变得复杂，可以由很多列组成列族，可以动态地增减列的数量。

(3) 文档数据库：以 MongoDB 为代表，文档其实就是一条数据记录，文档的内容可以嵌套，数据结构更加灵活。

(4) 图数据库：以 Noe4j 为代表。随着微博、微信等社交软件的兴起，图数据库的技术也迅速发展，可以轻松管理海量的实体和关系数据，构建复杂的关系图谱。

NoSQL 数据库的典型分类和常用产品如表 3-4 所示。

表 3-4　NoSQL 数据库的典型分类和常用产品

类　型	常用产品	特　　点
键值存储	MemcacheDB、Redis	可以通过键快速查询到其值。读写性能高，小巧灵活
文档存储	MongoDB、CouchDB	文档存储一般用类似 JSON 的格式存储，存储的内容是文档型的。通过嵌套等特性，可以建立类似关系的关联
列族存储	HBase、Cassandra	按列存储数据，最大的特点是方便存储结构化和半结构化数据，方便进行数据压缩，对针对某一列或者某几列的查询有非常大的 IO 优势
图存储	Neo4j、FlockDB	复杂网络关系的最佳存储，在社交网络应用中用途广泛
对象存储	db4o、Versant	通过对象的方式存取数据，与面向对象编程语言配合使用，方便快捷，适合开发实时系统
XML 数据库	Berkeley DB XML、eXist	高效地存储 XML 数据，并支持 XML 的内部查询语法，例如 XQuery、Xpath

广义上的 NoSQL 数据库还包括面向对象数据库和 XML 数据库。在 SQL 语言的发展一节中已经知道，传统的关系型数据库也在优化，不断地增加面向对象、XML 特性。这里的 db4o 和 eXist 等产品是小巧、开源和纯粹的面向对象和 XML 存储解决方案。如 db4o 数据库，仅有十几兆大小，可以通过 Java 等编程语言直接把程序中的对象进行持久化保存，对于面向对象编程非常方便；而如果要存储到关系型数据库，则往往需要进行对象-关系映射，效率相对低下。

3.4.2 键值数据库

1. 键值数据模型

百度、淘宝、谷歌等国内外互联网巨头需要为海量用户提供实时服务，不得不面对每秒数万乃至数十万的读/写并发操作，靠单台服务器和传统的关系模型难以应对这么高的数据吞吐量。这就需要对数据模型进行优化，一方面需要方便地增加服务器的数量，实现灵活轻便的横向扩展能力；一方面也要简化数据模型，使数据能够进行切分，实现多台机器的分布式存储和较高的存储性能。键值数据模型就是其中一种。

键值数据库是一种非关系型数据库，采用键值数据模型。它使用简单的键值(Key-Value)方法来存储数据。键值数据库将数据存储为键值对集合，其中键作为唯一标识符。这一设计理念和哈希(Hash，也称散列，如前文中散列索引)表一样，即在键和值之间建立映射关系，通过键可以访问到值，进而进行增删查改等基本操作。键值数据模型是一个映射(Map)，也称为字典(Dict)，即 Key 是查找每条数据地址的唯一关键字，Value 是该数据实际存储的内容。在实践中，Key 不要太长，太长不仅消耗内存和存储空间，也会降低查找的效率；也不要太短，太短的话，Key 的可读性会降低。在一个项目中，Key 最好使用统一的命名模式，用"项目标识：实体标识：属性标识"的形式加以区分，例如"test:user:name"代表 Test 项目中用户类实体的名字；"test:user:userid:10001:password"代表 Test 项目中用户类实体 Userid 是"10001"用户的口令。

在键值对("test:user:name""毕强军")中，其键"test:user:name"是该数据的唯一访问地址，而值"毕强军"则是该数据实际存储的内容。键值数据典型的实现方式是采用哈希函数实现关键字到值的映射。查询时，基于 Key 的哈希值直接定位到数据所在的点，实现快速查询，并支持大数据量和高并发查询。

同关系模型相比，键值数据模型更加自由，最大的区别是没有模式的概念。在传统的关系模型中，模式代表着数据的结构和对数据的约束。例如，某个属性会定义数据类型、值域等，而在键值数据模型中，对于某个键，其值可以是任意数据类型，无须事先定义。在一定程度上，可以将一个 Key-Value 对类比成关系数据库中的一行(或元组)，Key 和 Value 分别是两个字段。只不过第一个字段 Key 更像是行的主键 ID，而第二个字段 Value 的值很灵活，可以是字符串、字典、列表等类型，当 Value 要处理较复杂的数据时，可以将数据以列表或字典等结构存储。

键值数据模型简单、高效且灵活，是 NoSQL 数据模型中最基本的数据存储模型。键值数据存储可以分为临时存储和永久存储。临时存储时，经常作为缓存使用，如频繁访问的购物车、好友列表、会话信息等。永久存储即把内存中的数据持久化到硬盘。目前很多键值数据库可以兼容两种存储模式，使用更加方便。

2. 常用键值数据库

常用的键值数据库有 Redis、Memcached 等，如图 3-7 所示。

图 3-7 常用的键值数据库

Redis 是一个使用 C 语言编写、分布式、Key-Value 开源数据库。Redis 可以用作数据库、缓存和消息中间件，提供多种语言的 AP，支持哈希、列表、集合等多种类型的数据结构，还支持事务、主从复制、分区等特性，可在单机上应对每秒 10 万次的读写响应。

Memcached 是一个自由开源的、高性能、分布式内存对象缓存系统。它是一种基于内存的 Key-Value 存储，用来存储小块的任意数据(字符串、对象)。这些数据可以是数据库、API 调用返回的数据集合，也可以是页面渲染的结果。它是一个简洁的 Key-Value 存储系统，一般作为缓存使用，通过缓存数据库查询结果减少数据库访问次数，以提高动态 Web 应用的速度和可扩展性。

3. Redis 的常用操作

下面以 Redis 为例介绍键值数据库的典型操作。

绝大部分的开源软件的安装都提供两种方式。一种是图形界面安装方式，其安装包为后缀名为 MSI 或 EXE 的可执行文件。这种安装方式只支持 Windows 操作系统，下载后可以双击执行，按照图形界面的提示一步步完成安装，往往会自动创建 Windows 自运行的服务。第二种是解压运行方式，后缀名为 ZIP、TAR 或 TAR.GZ，下载后需要解压，输入相关命令完成安装启动。两种方式各有优缺点。可执行文件方式简单快捷，但会隐藏大量产品细节，安装调错、运行监控困难；

压缩包方式绿色环保，可以掌控全部安装运行的细节，但需要熟悉产品和相关命令，学习难度相对较大。本书所选的典型产品都是开源产品，安装配置也都选用了压缩包方式。

Redis 的压缩包方式安装部署非常方便。从其官网(https://github.com/microsoftarchive/redis/releases)下载解压安装包(redis-6.0.6-x64-for-windows-bin.zip)并解压后，可以通过命令行方式直接启动数据管理服务。

在 Windows 控制台中，进入 Redis 的安装目录，输入"redis-server redis.conf"命令就可以启动，如图 3-8 所示。

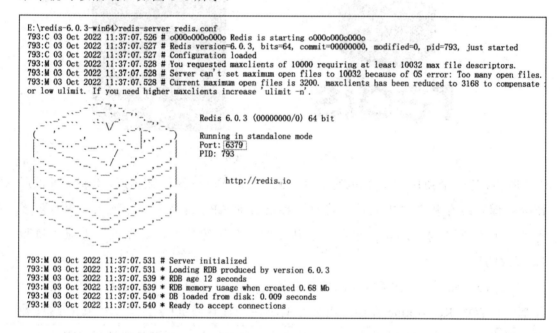

图 3-8　Redis 的启动

然后通过 Redis 解压目录下的"redis-cli"命令连接到 Redis 服务器进行操作，为了更好地显示中文，可以加上"raw"参数，如图 3-9 所示。

```
E:\redis-6.0.3-win64>redis-cli --raw
127.0.0.1:6379> set K1 " 毕强军 "
OK
127.0.0.1:6379> get K1
 " 毕强军 "
127.0.0.1:6379> del K1
1
127.0.0.1:6379> get K1

127.0.0.1:6379> ▂
```

图 3-9　Redis 的客户端操作

Redis 数据库支持多种不同的数据结构，常用的有字符串、列表、集合、哈希结构、有序集合，各种数据结构的示例如表 3-5 所示。

表 3-5　Redis 键值数据库的值对象类型

值对象类型	键对象示例	值对象示例	说　明	应用场景
字符 (String)	"test:user: name"	"毕强军"	用户名称	缓存、计数器等
哈希 (Hash)	"test:cache: userid:10001"	{name: "毕强军", age: "18"}	缓存信息中用户 ID 为"10001"的用户信息	缓存实体信息、 组合查询条件等
列表 (List)	"test:cart:shop pingid:userid: 10001"	[211,23,133]	户 ID 为"10001"的购 物车中的商品 ID 列表	简单队列
集合 (Set)	"test:frends: userid:10001"	[11023,10004,]	用户 ID 为"10001" 的好友用户 ID 列表	赞/踩、标签、 好友关系
有序集 (ZSet)	"test:dbengine: Ranking"	[1 Oracle 2 MySQL 5 MongoDB 8 Redis]	2021 年 3 月份 DB-Engines 网址中数据 库使用排行榜部分数据	排行榜

Redis 通过不同的命令完成对不同类型的管理，其命令形式比较简单，比如常见的字符串命令如表 3-6 所示。此外，Redis 还提供了针对列表、集合和哈希类型本身的操作，如增加、删除、选择、交、并、差等。

表 3-6　Redis 字符串数据的常用操作

命令名称	命令示例	命　令　说　明
set	set K1"毕强军"	设置键值对，最常用的写入命令
get	get K1	通过键获取值，最常用的读取命令，这里返回"毕强军"
del	del K1	通过 Key，删除键值对，返回删除数"1"
strlen	strlen K1	求 Key 指向值字符串的长度，这里返回"毕强军"3 个汉字 长度 9
getset	getset K1"李爱华"	修改原来 Key 的对应值，并将旧值返回。这里返回"毕强军"

小　结

NoSQL 技术，也称非关系型数据库技术，是近十几年发展起来的新技术，主要在互联网企业应用，解决了传统数据库难以满足的高性能、高存储、高可用和高扩展需求问题。键值、列族、文档和图数据库是 4 种主要的非关系型数据库。与关系型数据库完备的关系代数理论不同，NoSQL 缺乏统一的理论基础和操作语言，未来一段时间将和关系型数据库一起，完成大数据时代基于数据库的数据管理重任。本章重点介绍了 4 种典型非关系型数据库中最简单的键值数据库，后面将分 3 章内容分别介绍列族、文档和图数据库。

第4章

列族数据库

4.1　概　　述

谈到 HBase，不得不提谷歌公司发表的三篇大数据经典文章。第一篇是谷歌文件系统 "*The Google File System*"，是前面学习的 HDFS 技术来源。第二篇是分布式批处理计算框架 "*MapReduce: Simplified Data Processing on Large Clusters*"，曾经是大数据技术中的必学技术，但现在大多数应用场景都被 Spark 技术取代了。第三篇就是 BigTable 数据库 "*Bigtable: A Distributed Storage System for Structured Data*"，是一种存储结构化数据的分布式存储系统，本章介绍的 HBase 就是 BigTable 的开源实现。

HBase 也是 Apache 的顶级项目，是基于 Hadoop 的多版本的、可伸缩的、高可靠的、高性能的分布式数据库，其数据模式和存储机制设计使其可以轻松应对超大规模的单表数据存储。什么是超大规模？百万(Million)级的列和十亿(Billion)级规模的行数据。因为支持的列太多了，表可以足够"宽"，所有 HBase 也被形象地称为宽表数据存储。

可以从以下 4 个方面了解 HBase 的功能特性：

(1) 高性能：与 HDFS 只能附加修改不同，HBase 可以随机读写数据，而且读写效率高，轻松管理上亿条数据、几百个列的"大表"。

(2) 无模式：HBase 数据模型没有模式约束，每行都有一个可排序的主键和任意多的列，列可以根据需要动态地增加。即同一张表中，不同的行可以有截然不同的列，这就造成了 HBase 表中的数据往往是稀疏的。

(3) 面向列（族）：准确地说是面向列族，HBase 面向列族实现存储和权限控制，对列族独立检索。

(4) 版本化：每个单元中的数据可以有多个版本，默认情况下版本号自动分配，是单元格插入时的时间戳。

HBase 和传统关系型数据库不同，它采用了 BigTable 的数据模型增强的稀疏排序映射表(Key/Value)，其中，键由行关键字、列关键字和时间戳(Timestamp)构成。HBase 提供了对大规模数据的随机、实时读写访问。HBase 的目标是存储并处理大型的数据，也就是仅用普通的硬件配置，就能够处理上千亿的行和几百万的列所组成的超大型数据库。

Hadoop 是一个高容错、高延时的分布式文件系统和高并发的批处理系统，不适用于提供实时计算，而 HBase 是可以提供实时计算的分布式数据库，数据被保存在 HDFS(分布式文件系统)上，由 HDFS 保证其高容错性。

HBase 上的数据是以二进制流的形式存储在 HDFS 上的数据块中的，但 HBase 上的存储数据对于 HDFS 是透明的。

4.2　HBase 数据模型

数据模型是理解一个数据库的关键，本节介绍 HBase 的列族数据模型和数据模型相关的基本概念，并描述 HBase 数据库的概念视图和物理视图。

4.2.1　列族数据模型

HBase 要管理百亿条数据、百万个列的"大表"，为了高效地读写数据，需要在数据存储时进行精巧的设计，方法就是分而治之。

HBase 在横向和纵向两个方向将海量数据切分开来。横向切分为一个个区域(Region)，纵向划分成一组组列族。在横向上，把"百亿"行的数据切分开来，每个部分就称为一个存储区域(Region)。在纵向上，把"百万"个列的数据拆分开来，逻辑上有关联的若干列组织称为"列族"(Column Family)，方便对列的管理。

例如在图 4-1 中，可以把"姓名""军衔""个人移动电话"等列组成"个人信息"列族，"办公电话""驻地"等列组成"办公信息"列族。有了横、竖"两刀"的切分，则每个 Region 中的每个列族就可以独立管理了，这在 HBase 中称为存储单元(Store)，如图 4-1 中的阴影部分。在图 4-1 中，有 3 个区域，2 个列族，区分为 6 个 Store。HBase 在存储单元粒度上进行单独的数据缓存、读写操作，效率非常高。此外，HBase 中每一行都有一个"row_key"列，就像关系型数据库中的主键一样，唯一标识一行数据。

		列族1				列族2	
		personal_info				office_info	
Row Key	name	rank	phone			tel	address
row_key1	张诗琪	上尉	131********			010-11111111	北京
row_key11	舒扬	少尉	132********			010-11111111	上海
row_key2	罗祖建	中尉	159********			010-11111111	南京
row_key3	毛露	中校	187********			010-11111111	成都
row_key4	陈彤	少校	134********			010-11111111	沈阳
row_key5	杨卓	中尉	139********			010-11111111	昆明
row_key6	郑明	上尉	177********			010-11111111	天津
row_key7	郝建	少尉	158********			010-11111111	大连

区域1（row_key1、row_key11、row_key2），区域2（row_key3、row_key4、row_key5），区域3（row_key6、row_key7）

图 4-1 列族数据库的数据划分

HBase 和关系型数据库一样，采用表来组织数据，表由行和列族组成。每个 HBase 表都由若干行组成，每个行由行键(Row Key)来标识。"列族"是列的集合，是基本的访问控制单元，一般在定义表时指定。列族里包含的列称为列成员或列限定符(Column Qualifier)，列成员不需要在定义表时给出，在新增数据时可以按需动态添加。在 HBase 表中，通过行、列族和列成员可以确定一个"单元格"(Cell)，单元格中存储具体的数据。单元格中的数据都是以字节数组形式存储的，可以是字符串、数字、文本文件或图像。单元格都保存着同一数据的多个版本，这些版本采用时间戳进行区分，如图 4-2 所示。

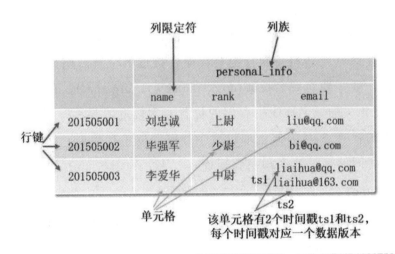

图 4-2 HBase 的数据存储格式

时间戳还有另外一个作用。HBase 在执行修改操作时，并没有实际覆盖掉原来的数据，只是根据最新的时间戳增加了一个新版本，每次读取最新的版本就行了。注意这里的时间戳是一个很长的数字，它表示的是 1970 年 1 月 1 日 0 点到现在的毫秒数。

HBase 中的同一个列族里面的数据存储在一起，列族支持动态扩展，可以随时添加新的列，无须提前定义列的数量。所以，尽管表中的每一行会拥有相同的列族，但是可能具有截然不同的列。正因为如此，对于整个映射表的每行数据而言，有些列的值是空的，所以 HBase 的表是稀疏的。

HBase 执行更新操作时，并不会删除数据旧的版本，而是生成一个新的版本，原有的版本仍然保留。用户可以对 HBase 保留的版本数量进行设置。在查询数据库的时候，用户可以选择获取距离某个时间最近的版本，或者一次获取所有版本。如果查询的时候不提供时间戳，那么系统就会返回离当前时间最近的那一个版本的数据。

HBase 提供了两种数据版本回收方式：一种是保存数据的最后一个版本；另一种是保存最近一段时间内的版本，如最近一个月。

1. HBase 数据模型中的概念

1) 表(Table)

HBase 采用表来组织数据，表由许多行和列组成，列划分为多个列族。

2) 行(Row)

HBase 表中每一行代表着一个数据对象。每一行都是由一个行键(Row Key)和一个或者多个列组成的。行键是行的唯一标识，行键并没有什么特定的数据类型，以二进制的字节来存储，按字母顺序排序。

因为表的行是按照行键顺序来进行存储的，所以行键的设计相当重要。设计行键的一个重要原则就是相关的行键要存储在接近的位置。例如，设计记录网站的表时，行键一般需要将域名反转(com.sina.news、org.apache.mail)，这样的设计能使与 Apache 相关的域名在表中存储的位置非常接近。

访问表中的行有 3 种方式：通过单个行键获取单行数据，通过一个行键的区间来访问给定区间的多行数据和全表扫描。

3) 列(Column)

列由列族和列限定符联合标识，由 ":" 进行间隔，如 info:name。

4) 列族(Column Family)

在定义 HBase 表的时候需要提前设置好列族，表中所有的列都需要组织在列族里面。列族一旦确定后，就不能轻易修改，因为它会影响到 HBase 真实的物理存储结构，但是列族中的列限定符及其对应的值可以动态增删。

表中的每一行都有相同的列族，但是不需要每一行的列族里都有一致的列限定符，所以说 HBase 是一种稀疏的表结构，这样可以在一定程度上避免数据的冗余。HBase 中的列族是一些列的集合。

一个列族的所有列成员都有着相同的前缀，例如，courses:history 和 courses:math 都是列族 courses 的成员。":"是列族的分隔符，用来区分前缀和列名。列族必须在表建立的时候声明，列随时可以新建。

5) 列限定符(Column Qualifier)

列族中的数据通过列限定符来进行映射。列限定符不需要事先定义，也不需要在不同行之间保持一致。列限定符没有特定的数据类型，以二进制字节来存储。

6) 单元(Cell)

行键、列族和列限定符一起标识一个单元，存储在单元里的数据称为单元数据，没有特定的数据类型，以二进制字节来存储。

7) 时间戳(Timestamp)

默认情况下，每一个单元中的数据插入时都会用时间戳来进行版本标识。读取单元数据时，如果时间戳没有被指定，则默认返回最新的数据；写入新的单元数据时，如果没有设置时间戳，则默认使用当前时间。每一个列族的单元数据的版本数量都被 HBase 单独维护，默认情况下，HBase 保留 3 个版本数据。

2. 四维坐标体系

HBase 中需要根据行键、列族、列限定符和时间戳来确定一个单元格，因此，可以视为一个"四维坐标"，即[行键，列族，列限定符，时间戳]。HBase 为每个值维护了这四级索引。在有的文献中，将"列族＋列限定符"联合起来看作一个维度，成为三维坐标。这里采用四分方式，更加精确。前文数据采用四维坐标可以准确定位到单元格的值，如表 4-1 所示。

表 4-1　HBase 四维坐标体系示例

键	值
["201505003"，"personal-info"，"email"，1174184619081]	"liaihua@qq.com"
["201505003"，"personal-info"，"email"，1174184620720]	"liaihua@163.com"

可以将["201505003" "personal-info" "email"，1174184619081]看作整体的 Key，这样，HBase 数据模型依然还是 Key-Value 数据模型的变种。Key-Value 几乎是所有非关系型数据库的基本数据结构。

3．基于行和基于列的存储

面向行的存储是按照"行"的方式把一行各个字段的数据存在一起，一行一行连续存储的，例如前面介绍过的关系型数据库 Oracle、MySQL 等。面向行的存储对数据的插入、修改、删除等操作效率较高，适合处理在线联机业务。但在行式数据库上做一些分析操作效率不高，因为大部分统计分析场景都是在特定字段上进行的读操作。例如电子商务中统计各省份的销售额和利润同比变化，或者按照部门统计业绩完成情况等，都是在其中某些字段上的操作，行式数据库处理时需要做整行扫描，浪费了大量宝贵的 I/O。

面向列的存储是把行式数据全部拆开，按照列的方式重新组合存储，一列的所有行的数据存放在一起。列存储的主要优势在于读取速度快和存储压缩比高。列存储读取速度快的原因有两个：一是每次读取时不会读取冗余列，读取更加精准；二是每一列数据类型是同类型的，处理时更加高效。存储压缩比高体现在处理一些离散型的字段(如销售省份、部门)时，可以按照列内数据的特征值进行高效编码，并且在实际存储中以编码形式存储，这样就带来了大比例的压缩。列存储的不足是插入、修改、删除等写操作效率不高。列存储由于需要把一行记录拆分成单列保存，写入次数明显比行存储多，再加上磁头需要在盘片上移动和定位花费的时间，实际时间消耗会更多。基于行和列的存储差异如图 4-3 所示。

图 4-3　行式存储和列式存储的对比

HBase 在数据模型上借鉴了列存储的优点，但在每个列族内，是将一行中所有的列和行主键一起保存的，并不使用列压缩。因此，HBase 仍然是主要面向行的。

4.2.2　一个网页的数据实例

在 HBase 的概念视图中，一张表可以视为一个稀疏、多维的映射关系，通过"行键 + 列族 + 列限定符 + 时间戳"的四维坐标体系进行定位。图 4-4 是 HBase 的概念视图(引自谷歌公司的 BigTable 论文)，是一个存储网页信息的表的片段。行键是一个反向 UKL，如 CNN 主页"www.cnn.com"的行键就是"com.cnn.www"。因为行键都是按字典顺序排序的，这种反向 URL 设计为行键的好处就是可以让来自同一个网站的数据内容都保存在相邻的位置，从而可以提高用户读取该网站数据的速度。Contents 列族存储了网页的内容；Anchor 列族存储了引用这个网页的链接；Mime 列族存储了该网页的媒体类型。

行　键	时间戳	Contents列族	Anchor列族	Mime列族
"com.cnn.www"	t9		anchor:cnnsi.com= " CNN "	
	t8		anchor:my.look.ca= " CNN.com "	
	t6	contents:html=" < html >... "		mime:type= " text/html "
	t5	contents:html=" < html >... "		
	t3	contents:html=" < html >... "		

图 4-4　HBase 的概念视图

图 4-4 中给出的 com.cnn.www 网站的概念视图中仅有一行数据，行的唯一标识为"com.cnn.www"，对这行数据的每一次逻辑修改都有一个时间戳关联对应。表中共有四列：contents:html、anchor:cnnsi.com、anchor:my.look.ca 和 mime:type，每一列以前缀的方式给出其所属的列族。网页的内容一共有 3 个版本，对应的时间戳分别为 t3、t5 和 t6。网页被"my.look.ca"和"cnnsi.com"两个页面引用，被引用的时间分别是 t8 和 t9。网页的媒体类型从 t6 开始为"text/html"。

要定位单元中的数据可以采用"四维坐标"来进行，也就是[行键，列族，列限定符，时间戳]。例如，图 4-4 中：

["com.cnn.www"，anchor:cnnsi.com，t9]对应的单元中的数据为 "CNN"，
["com.cnn.www"，anchor:my.look.ca，t8]对应的单元中的数据为 "CNN.com"，
["com.cnn.www"，mime:type，t6]对应的单元的数据为"text/html"。

从图 4-4 中可以看出，在 HBase 表的概念视图中，每个行都包含相同的列族，尽管并不是每行都需要在每个列族里存储数据，事实上，HBase 的这种多列设计必然造成很多行数据中出现大量空白列值，造成数据的稀疏性。但实际存储时，这些空的列并不会存储成 Null，而是根本不会被存储，从而可以节省大量的存储空间。如图 4-5 所示，当请求这些空白的单元的时候，会返回 Null 值。

行 键	时间戳	Contents列族
" com.cnn.www "	t6	comtents：html " ＜ html ＞…"
	t5	comtents：html " ＜ html ＞…"
	t3	comtents：html " ＜ html ＞…"

行键	时间戳	Anchor列族
" com.cnn.www "	t9	anchor:cnnsi.cn= " CNN "
	t8	anchor:my.look.ca= " CNN. com "

行键	时间戳	Mime列族
" com.cnn.www "	t6	mime:type= " text/ html "

图 4-5　HBase 的存储视图

4.3　HBase 体系结构

HBase 核心组件包括客户端(Client)、ZooKeeper、主控节点(HMaster)以及数据节点(HRegionServer) 4 个部分，其结构如图 4-6 所示。

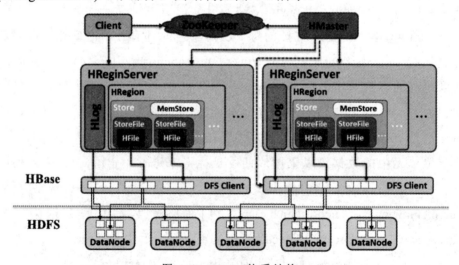

图 4-6　HBase 体系结构

1.　客户端(Client)

Client 包含了访问 HBase 的接口，负责代表用户发送对 HBase 的读写请求。Client 会对已经读写过的数据进行缓存，来加速相同数据的访问。

2.　ZooKeeper

ZooKeeper 是一个集群管理工具，被大量用于分布式计算，提供配置维护、域名服务、分布式同步、组服务等，对 HBase 是必不可少的。ZooKeeper 是 HBase Master 的高可用性的保障，保证了至少有一个 HBase Master 节点处于运行状态。有多个 HMaster 共存运行，但活动的只有一个。当活动的 HMaster 节点失效时，ZooKeeper 自动通过投票机制选取新的活动 HMaster 并上线。ZooKeeper 同时负责 Region 和 Region Server 的注册。HBase 集群的 HMaster 是整个集群的管理者，它必须知道每个 Region Server 的状态。HBase 通过 ZooKeeper 来管理 Region Server 状态，每个 Region Server 都向 ZooKeeper 注册，由 ZooKeeper 实时监控每个 Region Server 的状态，并通知 Master。这样，HMaster 的负担减少，可以更高效地完成 Region 的管理工作。

3.　主控节点(HMaster)

HMaster 是 HBase 的主控节点，可以类比 HDFS 的 NameNode。HMaster 主要负责表和 Region 的管理工作，包括完成增加表、删除表、修改表和查询表等操作，分配 Region 给 Region Server，协调多个 Region Server，检测各个 Region Server 的状态，并平衡 Region Server 之间的负载等工作。当 Region 分裂或合并之后，HMaster 负责重新调整 Region 的布局。如果某个 Region Server 发生故障，HMaster 负责把故障 Region Server 上的 Region 迁移到其他 Region Server 上。

4.　数据节点(HRegionServer)

HBase 有许多存储具体数据的 Region 服务器(Region Server，也称 HRegionServer)，每个 Region Server 又包含多个 Region 和一个 HLog。

Region Server 是 HBase 最核心的模块，负责维护 HMaster 分配给它的 Region 集合，并处理对这些 Region 的读写操作。Client 直接与 Region Server 连接，并经过通信获取 HBase 中的数据。HBase 采用 HDFS 作为底层存储文件系统，Region Server 需要向 HDFS 写入数据，并利用 HDFS 提供可靠稳定的数据存储。

HBase 表中所有行都按照行键的字典序排列，表在行的方向上分割为多个 Region，如图 4-7 所示。Region 按大小分割，每个表开始只有一个 Region，随着数据增多，Region 不断增大，当增大到一个阈值的时候，Region 就会等分为两个新的 Region，之后会有越来越多的 Region，如图 4-8 所示。Region 是 HBase 中分布式存储和负载均衡的最小单元，不同 Region 分布到不同 Region Server 上。

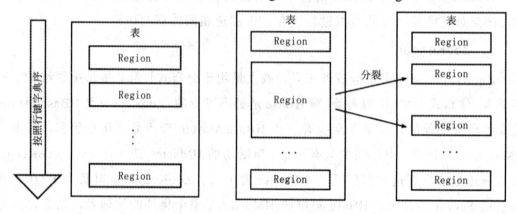

图 4-7　HBase 的 Region 的排序　　　　图 4-8　HBase 的 Region 的分裂

Region 是 HBase 中数据分发和负载均衡的最小单元，大小根据服务器的配置确定，一般建议在 1～2 GB，每个 Region 服务器存储 10～1000 个 Region。不同的 Region 可以分布在不同的 Region Server 上，但一个 Region 不会拆分到多个 Region Server 上。每个 Region Server 负责管理一个 Region 集合，如图 4-9 所示。

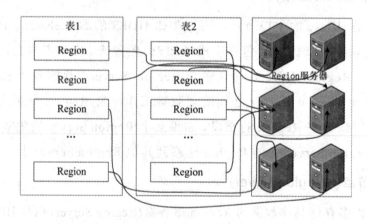

图 4-9　HBase 的 Region 分布模式

Region 并不是存储的最小单元。事实上，每个 Region 由一个或者多个 Store 组成，每个 Store 保存一个列族的数据。每个 Store 又由一个 MemStore 和 0 至多个 StoreFile 组成。StoreFile 以 HFile 格式保存在 HDFS 上。

因为 HBase 的数据存储使用的是 HDFS，而 HDFS 是不支持随机读写的，所以 HBase 的数据写入采用 LSM(日志结构合并)算法。LSM 算法分为内存和磁盘两个结构保存数据。内存部分就是 MemStore，磁盘部分就是 HFile。

HRegion 中 MemStore 过多时，就会以 Region 为单位统一执行刷新(Flush)动作，将 MemStore 写入到 HFile 中。这种刷新会导致生成大量小的 StoreFile，当数量达到一个阈值时，HBase 会合并这些 StoreFile 文件成为一个大的 StoreFile 文件。StoreFile 的合并配合 Region 的拆分，使得 HBase 能够始终比较高效地处理写数据请求。

当用户读取数据时，Region 服务器也首先访问 MemStore 缓存，如果找不到，再去磁盘上面的 StoreFile 中寻找。使用 MemStore 除了高效，还有一个重要的原因是排序。HBase 最终存储在 HDFS 上的数据需要按照行键降序排列，而 HDFS 本身被设计为顺序读写，不允许修改。为了解决这个问题，HBase 将最近接收到的数据缓存在内存 MemStore 中，在持久化到 HDFS 之前完成排序，然后再快速地按顺序写入 HDFS。

每个 HRegionServer 中都有一个 HLog 对象。HBase 写入数据时，在写完 MemStore 后，刷新写入磁盘文件 HFile 前，还要采用预写日志机制(WAL)写入 HLog 文件，只有写完 HLog 后，写入命令才会向客户端确认，即 HLog 文件包含了所有已经写入 MemStore 但还未刷新到 HFile 的更改。同样，当数据刷新写入磁盘文件 HFile 后，会将 HLog 文件置为失效，方便后续删除相关失效日志。当 HRegionServer 正常运行时，HLog 并不起到任何作用，但是当 HRegionServer 出现故障宕机时，未刷新到磁盘中的 MemStore 数据便会丢失，此时便可以通过 HLog 对丢失的数据进行恢复。

4.4　常　用　命　令

HBase 数据库默认的客户端程序是 HBase Shell，它是一个命令行工具。用户可以使用 HBase Shell，通过命令行的方式与 HBase 进行交互。

HBase Shell 是一个封装了 Java 客户端 API 的 JRuby 应用软件，在 HBase 的 HMaster 主机上通过命令行输入"hbase shell"，即可进入 HBase 命令行环境，如图 4-10 所示。

```
dave@dwjin:/$ /usr/local/hbase-1.1.5/bin/hbase shell
2019-03-10 21:27:26,127 WARN  [main] util.NativeCodeLoader: Unable to load native-had
oop library for your platform... using builtin-java classes where applicable
HBase Shell; enter 'help<RETURN>' for list of supported commands.
Type "exit<RETURN>" to leave the HBase Shell
Version 1.1.5, r239b80456118175b340b2e562a5568b5c744252e, Sun May  8 20:29:26 PDT 201
6

hbase(main):001:0
```

图 4-10　HBase Shell 命令行环境

在 Shell 中输入"help"可以获取可用命令列表，输入"help 命令名"可获取特定命令的帮助，还可以输入各种命令查看集群、数据库和数据的各项详情。

例如，使用 status 命令查看当前集群各节点的状态，使用 version 命令查看当前 HBase 的版本号，输入命令"exit"或"quit"即可退出 HBase Shell 等。下面分别从表和数据两个层面介绍相关命令。因为 HBase Shetl 默认字符集不支持中文(可通过设置和编程语言解决中文问题)，后续一些名称全部用英文单词或拼音表示。

4.4.1　表操作

HBase Shell 常用数据表命令如表 4-2 所示。

表 4-2　HBase Shell 表操作常用命令

命　令	描　　　述
create	创建指定模式的新表
alter	修改表的结构，如添加新的列族
describe	展示表结构的信息，包括列族的数量与属性
list	列出 HBase 中已有的表
disable/enable	为了删除或更改表而禁用一个表，更改完后需要解禁表
disable_all	禁用所有的表，可以用正则表达式匹配表
is_disable	判断一个表是否被禁用
drop	删除表
truncate	如果只是想删除数据而不是表结构，则可用 truncate 来禁用表、删除表并自动重建表结构

1. 创建表

与关系型数据库不同，在 HBase 中，基本组成为表，不存在多个数据库。因此，在 HBase 中存储数据先要创建表，创建表的同时需要设置列族的数量和属性。

HBase 使用 create 命令来创建表，创建表时需要指明表名和列族名，如创建表 4-3 中的学生信息表 Student 的命令如下：

```
create 'Student', 'StuInfo', 'Grades'
```

表 4-3　学生信息表

行键	列族 StuInfo				列族 Grades			时间戳
	Name	Age	Sex	Class	BigData	Computer	Math	
0001	liaiguo	18	Male		80	90	85	T2
0002	lifang	19	Female	01	95		89	T1
0003	zhangqiang	19	Male	02	90		88	T1

这条命令创建了名为 Student 的表，表中包含两个列族，分别为 StuInfo 和 Grades。注意在 HBase Shell 语法中，所有字符串参数都必须包含在单引号中，且区分大小写，如 Student 和 student 代表两个不同的表。

另外，在上条命令中没有对列族参数进行定义，因此使用的都是默认参数，如果建表时要设置列族的参数，则参考以下方式：

```
create      'Student',  {NAME = >'StuInfo',  VERSIONS = >3},  {NAME = >  'Grades',
BLOCKCACHE = > true}
```

大括号内是对列族的定义，NAME、VERSIONS 和 BLOCKCACHE 是参数名，无须使用单引号，符号"=>"表示将后面的值赋给指定参数。例如，"VERSIONS=>3"是指此单元格内的数据可以保留最近的 3 个版本，"BLOCKCACHE=> true"指允许读取数据时进行缓存。

创建表结构以后，可以使用 exsits 命令查看此表是否存在，或使用 list 命令查看数据库中所有表，还可以使用 describe 命令查看指定表的列族信息。

2. 修改表

HBase 表的结构和表的管理可以通过 alter 命令来完成，使用这个命令可以完成更改列族参数信息、增加列族、删除列族，以及更改表的相关设置等操作。

首先修改列族的参数信息，如修改列族的版本。例如上面的 Student 表，假设它的列族 Grades 的 VERSIONS 为 1，但是实际可能需要保存最近的 3 个版本，可使用以下命令完成：

```
alter 'Student',{NAME => 'Grades',VERSIONS => 3}
```

修改多个列族的参数，形式与 create 命令类似。

这里要注意，修改已存有数据的列族属性时，HBase 需要对列族里所有的数据进行修改，如果数据量很大，则修改可能需要很长时间。

如果需要在 Student 表中新增一个列族 hobby，可使用以下命令：

```
alter 'Student', 'hobby'
```

如果要移除或者删除已有的列族，以下两条命令均可完成：

```
alter 'Student',{NAME => 'hobby', METHOD => 'delete' }
alter 'Student','delete' => 'hobby'
```

另外，HBase 表至少要包含一个列族，当表中只有一个列族时，无法将其删除。

3. 删除表

HBase 使用 drop 命令删除表，但是在删除表之前需要先使用 disable 命令禁用表。删除 Student 表的完整流程如下：

```
disable 'Student'

drop 'Student'
```

使用 disable 禁用表以后，可以使用 is_disable 查看表是否禁用成功。如果只是想清空表中的所有数据，使用 truncate 命令即可，此命令相当于完成禁用表、删除表，并按原结构重新建立表操作：

```
truncate 'Student'
```

4.4.2 数据操作

HBase Shell 提供了数据操作常用的插入、删除、查询等命令，见表 4-4 所示。

表 4-4   HBase Shell 数据操作常用命令

命　　令	描　　述
put	添加一个值到指定单元格中
get	通过表名、行键等参数获取行或单元格数据
scan	遍历表并输出满足指定条件的行记录
count	计算表中的逻辑行数
delete	删除表中列族或列的数据

1. 插入数据

HBase 使用 put 命令向数据表中插入数据，put 向表中增加一个新行数据，或覆盖指定行的数据。

以表 4-3 为列，向其中插入一条数据的写法为：

```
put 'Student', '0001', 'StuInfo:Name', 'liaiguo', 1
```

在上述命令中，第一个参数"Student"为表名；第二个参数"0001"为行键的名称，为字符串类型；第三个参数"StuInfo:Name"为列族和列的名称，中间用冒号隔开。列族名必须是已经创建的，否则 HBase 会报错；列名是临时定义的，因此列族里的列是可以扩展的。第四个参数"liaiguo"为单元格的值。在 HBase 里，所有数据都是字符串的形式；最后一个参数"1"为时间戳，如果不设置时间戳，则系统会自动插入当前时间为时间戳。

注意 put 命令只能插入一个单元格的数据，表 4-3 中的一行数据需要通过以下几条命令一起完成：

```
put 'Student', '0001', 'StuInfo:Name', 'liaiguo', 1

put 'Student', '0001', 'StuInfo:Age', '18'
```

```
put 'Student', '0001', 'StuInfo:Sex', 'Male
'put 'Student', '0001', 'Grades:BigData', '80'
put 'Student', '0001', 'Grades:Computer', '90'
put 'Student', '0001', 'Grades:Math', '85'
```

如果 put 语句中的单元格是已经存在的，即行键、列族及列名都已经存在，且不考虑时间戳的情况下，执行 put 语句，则可对数据进行更新操作。例如，以下命令可将行键为"0001"的学生姓名改为"zhangsan"：

```
put 'Student', '0001', 'StuInfo:Name', 'zhangsan'
```

如果在初始创建表时，已经设定了列族 VERSIONS 参数值为 n，则 put 操作可以保存 n 个版本数据，即可查询到行键为"0001"的学生的 n 个版本的姓名数据。

put 命令在处理数据时显得有些"笨拙"，每次只能处理一个单元格。在实际应用时，都是通过 Java、Python 等编程语言来实现数据的增删查改功能，很多工作可以自动完成，比这些命令要灵活得多。

2. 查看数据

HBase get 命令可以从数据表中获取某一行记录，类似于关系型数据库中的 select 操作。get 命令必须设置表名和行键名，同时可以选择指明列族名称、时间戳范围、数据版本等参数。

例如，对于上面的数据表，执行以下命令可以获取 Student 表中行键为"0001"的所有列族数据：

```
put 'Student', '0001'
```

在 get 语句中使用限定词"VERSIONS"可以查询数据的特定版本，这里使用"VERSION=>2"查看最小的两个版本号：

```
get 'student', '0001', {COLUMN=>'StuInfo:Name', VERSIONS=>2}
```

可以将下面代码改变名称字符串后多执行几次，查看版本变化情况：

```
put 'Student', '0001', 'StuInfo:Name', 'zhangsan'
```

3. 删除数据

HBase delete 命令可以从表中删除一个单元格或一个行集，语法与 put 类似，必须指明表名和列族名称，而列名和时间戳是可选的。

例如，执行以下命令，将删除 Student 表中行键为"0002"的 Grades 列族的所有数据：

```
delete 'Student', '0002', 'Grades'
```

需要注意的是，delete 操作并不会马上删除数据，只会将对应的数据打上删除标记，只有在后期 HBase 执行 StoreFlie 合并数据时，数据才会被删除。

delete 命令的最小粒度是单元格。例如，执行以下命令将删除 Student 表中行键为"0001"，Grades 列族成员为"Math"，时间戳小于等于 2 的数据：

```
delete 'Student', '0001', ' Grades: Math', 2
```

delete 命令不能跨列族操作，如需删除表中所有列族在某一行上的数据，即删除上表中一个逻辑行，则需要使用 deleteall 命令。如下所示，不需要指定列族和列的名称，执行指定表名和行的行键"0001"，可以删除一整行数据：

```
deleteall 'Student', '0001'
```

列族数据库 HBase 作为谷歌公司 BigTable 数据库的开源实现，性能非常出色，应用场景也非常广泛。为了"轻松"应对"上千亿的行和几百万的列"的大表，HBase 采用分而治之的方法，对数据结构进行了横向和纵向的切分，建立了自己的数据模型。在实现上，HBase 的体系结构和实现细节相对复杂，引入了很多的概念，适当了解这些细节，有助于更好地掌握 HBase 的特性。HBase 的操作比较简单，提供了常用的对表和数据的管理命令。

第 5 章

文档数据库

5.1 以文档进行数据存储

5.1.1 文本文件

文件是人们使用计算机管理信息时最原始、最基本的形式。一种不太正式的区分是把计算机文件分为文本文件和二进制文件。

文本文件是用 Windows 系统中的记事本、写字板或其他文本编辑器程序直接打开可以展现出人类可读信息的文件，比如后缀名为 txt 的文件(普通文本文件)、前面学过的 HTML 文件、JSON(基于 JavaScript 语言的数据交换格式)、Java(Java 编程语言的源码文件)、PY(Python 编程语言的源码文件)。

二进制文件是指无法用文本编辑器正常打开和编辑的文件，比如常用后缀名为 doc 的 Word 文件，后缀名为 ppt 的幻灯片文件，后缀名为 exe 的可执行文件等。二进制文件需要用与文件对应的特定应用程序才能打开。比如，后缀名为 doc 的文件，必须用 Word 或 WPS 打开才能正常显示。二进制文件如果直接用文本编辑器打开，会看到很多奇怪符号，也就是所谓的"乱码"。

之所以说是不太正式的区分，是因为本质上所有的文件都是以二进制形式存储在计算机磁盘上的，包括文本文件。实际上，文本文件是一种特殊的二进制文件，这种文件只是以某种文字编码，在解读时可以把一个个字节按照编码规范解读成人类可读、可认识的字符。

文本文件具有编码简单、方便查看、可读性好的特点，常用来作为数据交换和存储的基本格式。

5.1.2　常用的数据存储和交换文件类型

常用的数据存储和交换数据类型有 XML 文件和 JSON 文件，两者都是文本文件。

1. XML 文件

XML 与前面学习的 HTML 拥有一个共同的"祖先"——SGML(Standard Generalized Markup Language，标准通用标记语言)，如图 5-1 所示。SGML 是国际标准化组织出版发布的一个信息管理方面的国际标准(ISO 8879:1986)。为了应对在网页上显示数据和交换数据的两种需求，分别发展出了 HTML 和 XML 两种技术。这么看来，XML 也算出身"名门"。

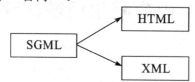

图 5-1　SGML、XML 和 HTML 的关系

XML 的全称为可扩展标记语言(eXtensive Markup Language)。这里有三个术语，"标记"和"语言"在前文数据采集中的 HTML 技术部分已经学习，"可扩展"是什么意思呢？在 HTML 中，所有的标签都是预先定义好的，比如"<html>""<head>"等，这些标签的命名、含义、嵌套规则等都是固定的。编写一个 HTML 文件时，只能从这些预定义的标签库中选择，如果尝试在一个 HTML 文件中写入自己定义的标签，浏览器是无法读取显示的。HTML 标记语言主要规定了网页内容的显示样式，显示样式就那么几种，标签是可穷尽的；但 XML 定义的初心是作为通用的数据交换和存储语言，可能需要描述各种各样的数据，需要无穷多的标签。例如，描述"书籍"时，可能需要"<name>"(书名)、"<author>"(作者)、"<year>"(出版年份)等标签；描述"学生"时，可能需要"<name>"(姓名)、"<birthday>"(出生年月)、"<gender>"(性别)等标签。为了应对这些变化，XML 的标签是没有限制的，相对于预定义的 HTML 标记，是"可扩展"的。

XML 的可扩展性并不代表可以随意使用标签，否则可能在数据交换时造成"驴唇对马嘴"的现象。数据交换时往往需要对交换数据的命名、含义和嵌套关系等进行约定，这就需要对 XML 文件中的标签类型进行定义，即需要文档类型定义(DTD)文件，这个文件实际是 XML 文件的模式(Schema)定义，后来人们又用 XML 格式重新定义了 DTD 文件，也就是目前普遍使用的 XSD 文件。XML 这种自己可以定义自己模式的特点，也被称为"自描述"特性。

以 XML 文件存储的数据常常被称为"半结构化"数据。结构化数据指关系型数据库中的数据或 Excel 二维表数据,这种数据有着规范的列名,同一列的数据类型是一样的,有着"统一的结构";而"非结构化数据"常见的是图片、文本、声音、影像等数据,这些数据无法通过定义规范的列名去组织,无法结构化;XML 数据的半结构化,是指在两者之间,可以通过列名(标签)去组织数据,但列名(标签)的定义更灵活,且类型并不固定。

一个 XML 文档包括处理指令、根元素、子元素、属性、内容、注释等要素,如图 5-2 所示。

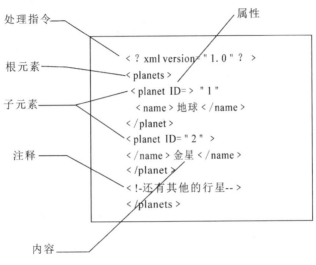

图 5-2 XML 文件的组成要素

2. JSON 文件

JSON(Java Script Object Notation)是一种轻量级的数据交换格式。在形式上和 XML 相似,也是由嵌套结构组成的文本文件。与 XML 文件有标签定义元素不同,JSON 文件用大括号来定义嵌套关系,用键值(Key-Value)来定义数据,用符号":"分割键值对象。其中,值对象不仅可以是数字或字符串,还可以是数组(用"[]"符号表示)或嵌套的键值对。

JSON 文件的嵌套和层次关系不容易直接阅读,可以通过一些第三方工具进行格式化处理,例如以下 JSON 代码:

{"name":"李爱华","age":18,"address":{"country":"中国","city":"南京"},"hobbies":["滑雪","唱歌","打篮球"]}

此 JSON 经过 Notepad++文本编辑器格式化处理后可以更清晰地查看,如图 5-3 所示。

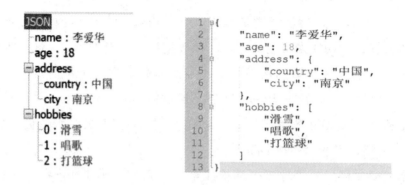

(a) 通过插件展现层次   (b) 直接在编辑器查看层次

图 5-3 XML 文件的格式化显示

图 5-4 是分别使用 XML 和 JSON 结构化方法，来标记我国部分省市的对比。可以看出，与 XML 格式相比，JSON 格式更加小巧轻便，可读性更好，也更容易解析。

```
<?xml          version = "1.0"              {
encoding = "utf-8" ?>                name: "中国",
<country>                            provinces: [
<name>中国</name>                         {
<province>                                  name: "江苏"
    <name>江苏</name>                        citys:{
    <citys>                                      city: ["南京", "苏州"]
    <city>南京</city>                          }
    <city>苏州</city>                        },
    </citys>                                 {
</province>                                  name: "广东"
<province>                                  citys:{
<name>广东</name>                               city: ["广州", "深圳"]
<citys>                                      }
    <city>广州</city>                        }
    <city>深圳</city>                      ]
</citys>                                }
</province >
</country>
```

图 5-4 XML 格式和 JSON 格式对比

5.1.3　用数据库管理文档

文档(Document)是具有一定长度的文本。在计算机中，想存储一段文档，一般是以某种文件类型(比如 TXT、JSON、XML)的形式存储在磁盘上。

XML 和 JSON 等文本文件具有保存、交换数据的天然优势。但以文件形式保存数据，在海量数据检索、并发控制、安全管理上有很多缺陷，人们开始尝试用关系型数据库来管理这些数据。

常见的关系型数据库产品 MySQL5.1.5、IBM DB2 9.2、Oracle9i、SQL Server 2005 等版本，已经可以很好地支持 XML 文件的插入和检索。

从 MySQL5.7、IBM DB2 10.5、Oracle12 和 SQL Server 2016 等版本开始，关系型数据库产品实现了对 JSON 类型数据的管理支持。

以下是用 MySQL 数据库实现 JSON 类型数据管理的代码：

```
--创建 json-table 表，可以像定义普通数据类型一样定义 JSON 类型字段
CREATE TABLE json-table(
    id INT NOT NULL AUTO-INCREMENT,
    json-col JSON,
    PRIMARY KEY(id)
);
--直接插入 JSON 格式数据
INSERT INTO json-table (json-col)
VALUES ('{"City": "南京", "Description":"江苏省会，六朝古都"}');
```

5.2　MongoDB 文档数据库

虽然常用的关系型数据库增加了对 XML 和 JSON 等文件的支持，但因为关系型数据库产品自身的限制，难以满足海量文档数据管理的高可用性、可扩展性等需求。以文档型数据管理为主的一批 NoSQL 数据库应运而生，如 MongoDB、Couchbase、CouchDB 等。在前文讲到的 DB-Engines 排行中，MongoDB 位列总榜第五，屈居在 Oracle、MySQL、SQLServer 和 PostgreSQL 关系型数据库"四大金刚"之后，但却排在了 NoSQL 数据库产品第一的位置，显示了其在非关系型数据库中的地位。

5.2.1　概述

MongoDB 是一个基于分布式文件存储的数据库,旨在为 Web 应用提供可扩展的高性能数据存储解决方案。"Mongo"不是"芒果"的意思,而是源于英文 Humongous(巨大)一词,其标志如图 5-5 所示。

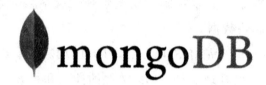

图 5-5　MongoDB 数据库的标识

与其现代、简洁的 LOGO 相符的是,MongoDB 提供了更快、更简单也更通用的现代数据管理产品,也是目前 NoSQL 数据库中使用最广泛的数据库产品。

MongoDB 可以看作是一个介于关系型数据库和非关系型数据库之间的产品,是非关系型数据库当中功能最丰富、最像关系型数据库的,例如,虽然 MongoDB 本身不支持 SQL 语句,但 Studio3T 等的第三方管理工具已经实现了用 SQL 操作 MongoDB 的功能。

MongoDB 主要功能特性如下:

(1) 模式自由,采用无模式结构存储。在 MongoDB 集合中存储的数据是 JSON 格式的文档,一个集合中的文档结构可以是任意的。

(2) 支持多种索引。可以在任意属性上建立索引,还提供创建基于地理空间索引的能力。

(3) 丰富的查询功能。MongoDB 支持丰富的查询操作,支持 SQL 中的大部分查询,还提供强大的聚合工具,如 Count、Group 等,支持使用分布式批处理计算框架 MapReduce 完成复杂的聚合任务。

(4) 支持副本集、分片等特性。MongoDB 支持副本集(Replica Set)复制机制,可自动将数据保存为多个副本,实现故障恢复;分片机制将数据进行物理切分,分别存储在多个机器上,实现了海量数据的分布式存储。

(5) 使用高效的二进制数据存储。使用二进制格式存储,可以保存图、文、声、像等非结构化数据,读写速度优于关系型数据库。

(6) 支持语言丰富。MongoDB 提供了当前所有主流开发语言的数据库驱动包,包括 Perl、PHP、Java、C#、JavaScript、Ruby、C 和 C++ 等。开发人员使用任何一种主流开发语言都可以轻松编程，实现访问 MongoDB 数据库。

基于上述特性，MongoDB 非常适用于以下应用场景：

(1) 网站实时数据处理。MongoDB 非常适合高并发环境下的实时插入、更新与查询，并具备网站实时数据存储所需的复制及高度伸缩性。

(2) 缓存。由于读写性能很高，MongoDB 适合作为信息基础设施的缓存层，这和 Redis 等数据库的应用场景是重合的。

(3) 大尺寸、低价值的数据。使用传统的关系型数据库存储海量非结构化文档数据费用昂贵且性能低下，很多时候程序员不得不使用本地文件进行存储，而这正是 MongoDB 的用武之地。

(4) 高伸缩性的场景。MongoDB 非常适合由数十或数百台服务器组成的数据库，横向扩展非常方便，也支持使用常见的分布式计算框架完成分布式计算任务。

5.2.2　数据模型

MongoDB 文档数据库的数据组织分为 4 个层次，从小到大依次是键值对、文档(Document)、集合(Collection)和数据库(Database)，如图 5-6 所示。

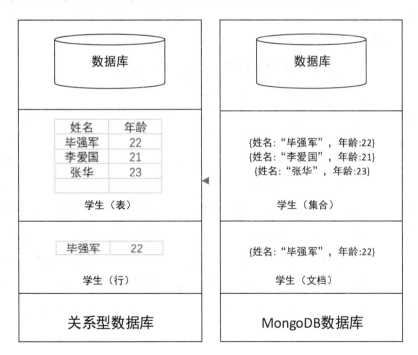

图 5-6　关系型数据库和 MongoDB 数据库的概念对比

MongoDB 与关系型数据库的术语对照表如表 5-1 所示。

表 5-1　MongoDB 与关系型数据库术语对照表

SQL 术语	MongoDB 术语	解释/说明
database	database	数据库
table	collection	数据库表/集合
row	document	数据记录行/文档
column	field	数据字段/域
index	index	索引
primary key	ObjectID	主键

1. 键值对

键值对是 MongoDB 数据组织的最小单位。键值对包含"键"和"值"两部分，键的格式一般为字符串，值的格式可以包含字符串、数值、数组、文档等类型，键和值之间用":"分隔，如"age:18"。

键(Key)起唯一索引的作用，确保一个键值结构里数据记录的唯一性，同时也具有信息记录的作用。例如"country:'中国'"，"country"起到了"中国"的地址作用，在一条数据中也具有唯一性。如在一条数据中定义了"country:'中国'"键值对，就不能再定义"country:'美国'"了。在将二维表结构化数据转换为键值对时，键往往对应着二维表中的列名，如表 5-2 所示。

表 5-2　键值对和表行内容的对比

序　号	Name	Age	
1	李爱华	18	{name:'李爱华',age:18}
2	毕强军	19	{name:'毕强军',age:19}
3	张丽丽	18	{name:'张丽丽',age:18}

如果将一张表中的数据转换为多个键值对，这种键信息的重复显得很"多余"。这种多余产生的最大浪费是存储空间的浪费，带来的好处是每条信息可以有不同的键定义。结构化数据中的列的个数、名称等模式信息都是固定的，但 MongoDB 中每条数据却可有不同的键值组合，这就是无模式或模式自由。在存储和计算成本都已经十分廉价的今天，靠适当的冗余换来模式自由，在很多场景下是值得的。

2. 文档

文档是 MongoDB 数据组织的基本单元。和前面学习的 JSON 一样，多个键及其关联的值有序地放在一起就构成了文档。文档用"｛｝"进行对象的分隔，对象内多个键值对间用 "," 分隔。

　　文档可以嵌套，嵌套的文档也具有层次结构。与关系型数据库中的行十分类似，但是比行要复杂。按照键值对的复杂程度，可以将键值对分为基本键值对和嵌套键值对。嵌套键值对中的值可以再包含新的键值对，例如下面的代码：

```
{"name":"李爱华","age":18,"address":{"country":"中国", "city":"南京"}, "hobbies":["滑雪",
"唱歌", "打篮球"]}
```

　　格式化一下更直观，如图 5-7 所示。

```
{
  "name":"李爱华",
  "age":18,
  "address":{
    "country":"中国",
    "city":"南京"
  },
  "hobbies":[
    "滑雪",
    "唱歌",
    "打篮球"
  ]
}
```

图 5-7　嵌套的文档

　　在这种嵌套中，实现了类似关系型数据库外键引用的功能。而且 MongoDB 也支持数组等结构，使得文档的内容描述能力非常强大。

3. ObjectID 对象

　　和关系模型中的每一个实体都有一个主键一样，MongoDB 中每条文档也要有一个重要的 Key 来唯一标识这条文档。这个 Key 的名称 MongoDB 已经预定义好了，叫作 "_id"；其类型默认就是 ObjectID 类型。

　　传统的数据库常用自增类型的主键生成器，但在分布式数据库中，自增的主键很容易造成数值重复或冲突。分布式数据库中，最好的主键值是设定为 UUID。UUID 是国际标准化组织(ISO)提出的一个概念，一般由 16～32 个十六进制的数值组成，这个值在所有空间和时间上被视为唯一的标识，即可以保证这个值是真正唯一的。

　　MongoDB 的 ObjectID 可以看作是 UUID 的一种实现。用户在定义一个文档时，可以不用显示定义 "_id" 的键值对，MongoDB 会自动进行赋值。ObjectID 类型长度为 12 字节，由 24 个十六进制的字符组成，最大的特点是唯一性。一个 ObjectID 类型的值显示为：

```
ObjectId ("5349b4ddd2781d08c09890f3")
```

　　MongoDB 也可以对 "_id" 进行赋值，但要注意做到唯一性。

4．集合

MongoDB 将文档存储在集合中，一个集合是一些文档构成的对象。如果说 MongoDB 中的文档类似于关系型数据库中的“行”，那么集合就如同“表”。

集合存在于数据库中，没有固定的结构，这意味着用户对集合可以插入不同格式和类型的数据。可以思考一下，如果集合中的数据是无模式的，那理论上可以将数据全部放到一个集合中，那么还需要存在多个集合吗？

答案是需要的。如果所有文档都放在同一个集合中，无论对于开发者还是管理员，都很难对集合进行管理，无法建立合适的索引，对集合的查询等操作效率也不高。所以在实际使用中，往往将文档分类存放在不同的集合中。通常情况下放入一个集合的数据都会有一定的关联性，即一个集合中的文档应该具有相关性。

集合命名也有一定规则，如不能有空格、“$”和“system.”前缀等。一个不错的命名规范是子集合用“.”隔开的命名空间，如 blog.post、blog.authors。

5．数据库

在 MongoDB 中，数据库由集合组成。一个 MongoDB 实例可承载多个数据库，互相之间彼此独立，在开发过程中，通常将一个应用的所有数据存储到同一个数据库中，MongoDB 将不同数据库存放在不同文件中。

可以把 MongoDB 看成一个文件仓库，每个 Document 就如同一页纸；成千上万张纸被存放在文件夹里，这些文件夹就可以看作是 Collection；多个文件夹存放在一个储藏柜里，也就是 Database，如图 5-8 所示。

图 5-8　MongoDB 中文档、集合和数据库的关系

5.2.3　BSON 数据存储

MongoDB 的数据存储格式与 JSON 类似。MongoDB 所采用的数据格式被称为 BSON(Binary JSON)，是一种 MongoDB 特有的、基于 JSON 的二进制序列化格式，可以高效存储文档并进行远程过程调用。

JSON 的数据表示方式易于解析，但支持的数据类型有限。BSON 目前主要用于 MongoDB 中，主要特性如下：

(1) 更快的遍历速度。

BSON 对 JSON 的一个主要的改进是，在 BSON 元素的头部有一个区域用来存储元素的长度，当遍历时，如果想跳过某个文档进行读取，就可以先读取存储在 BSON 元素头部的元素的长度，直接 seek 到指定的点上就完成了文档的跳过。在 JSON 中，要跳过一个文档进行数据读取，需要在对此文档进行扫描的同时匹配数据结构才可以完成跳过操作。

(2) 操作更简易。

如果要修改 JSON 中的一个值，如将 9 修改为 10，实际是将一个字符变成了两个，会导致其后面的所有内容都向后移一位。在 BSON 中，可以指定这个列为整型，那么当将 9 修正为 10 时，只是在整型范围内将数字进行修改，数据总长不会变化。

(3) 支持更多的数据类型。

BSON 在 JSON 的基础上增加了很多额外的类型。BSON 增加了"byte array"数据类型，这使得二进制的存储不再需要先进行 base64 转换再存为 JSON，减少了计算开销。BSON 支持的数据类型如表 5-3 所示。

表 5-3　BSON 支持的数据类型

类　型	描　述　及　示　例
NULL	空值或者不存在的字段，例如{"x":null}
Boolean	布尔型有 true 和 false，例如{"x":true}
Number	数值，客户端默认使用 64 位浮点型数值。例如{"x":3.14}或{"x":3}。对于整型值，包括 NumberInt(4 字节符号整数)或 NumberLong(8 字节符号整数)，用户可以指定数值类型，例如{"x":NumberInt("3")}
String	字符串，BSON 字符串是 UTF-8，例如{"x":"中文"}
Regular Expression	正则表达式，语法与 JavaScript 的正则表达式相同，例如{"x":/[cba]/}
Array	数组，使用"[]"表示，例如{"x": ["a","b","c"]}
Object	内嵌文档，文档的值是嵌套文档，例如{"a":{"b":3}}
ObjectID	对象 id，对象 id 是一个 12 字节的字符串，是文档的唯一标识，例如{"x":objectId()}
BinaryData	二进制数据，二进制数据是一个任意字节的字符串。它不能直接在 Shell 中使用。如果要将非 UTF-8 字符保存到数据库中，二进制数据是唯一的方式
JavaScript	代码，查询和文档中可以包括任何 JavaScript 代码，例如{"x" : function(){/*...*/}}
Data	日期，例如{"x": new Date()}
Timestamp	时间戳，例如 var a= new Timestamp()

5.3 MongoDB 的常用操作

5.3.1 安装部署

MongoDB 提供了可用于 64 位系统的预编译二进制包，用户可以从 MongoDB 官网(https://www.mongodb.com)下载安装，MongoDB 支持 Windows、Linux、OSX 等操作系统。

1. 安装 MongoDB

本节采用的 MongoDB 版本为 4.4.4，安装环境为 Windows 64 位系统。安装步骤如下：

(1) 下载 64 位的免安装版 zip 文件，然后解压。

(2) 在启动 MongoDB 之前，必须手工新建一个存放 MongoDB 数据和日志的目录。这里，设置数据目录为 D:\MongoDB\data\db\，日志目录为 D:\MongoDB\data。

2. 启动 MongoDB

与传统数据库一样，MongoDB 需要先开启服务端，再开启客户端，启动步骤为：

打开控制台窗口，在 D:\MongoDB\bin 目录下运行服务端 mongod.exe 命令：

D:\MongoDB\bin>mongod.exe --dbpath="D:\MongoDB\data\db" --directoryperdb
--port=27017 --logpath="D:\MongoDB\data\logs" --logappend

注意 以上参数的意思是设定日志文件为 C:\MongoDB\data\logs(logs 是文件名，不是目录名)，添加方式记录为追加，数据目录为 C:\MongoDB\data\db，并且每个数据库将储存在一个单独的目录(--directoryperdb)中，对外服务端口号为 27017，如图 5-9 所示。

图 5-9 MongoDB 服务启动

这个窗口一旦启动，就不能关闭，否则 MongoDB 服务就停止了。这是学习产品常用的启动模式。

3. 启动 MongoDB 客户端

在 D:\MongoDB\bin 下另开一个命令窗口来开启命令行窗口,执行 mongo 命令,进入 MongoDB 的 Shell 交互界面。默认连接上的数据库是 Test 库,如图 5-10 所示。

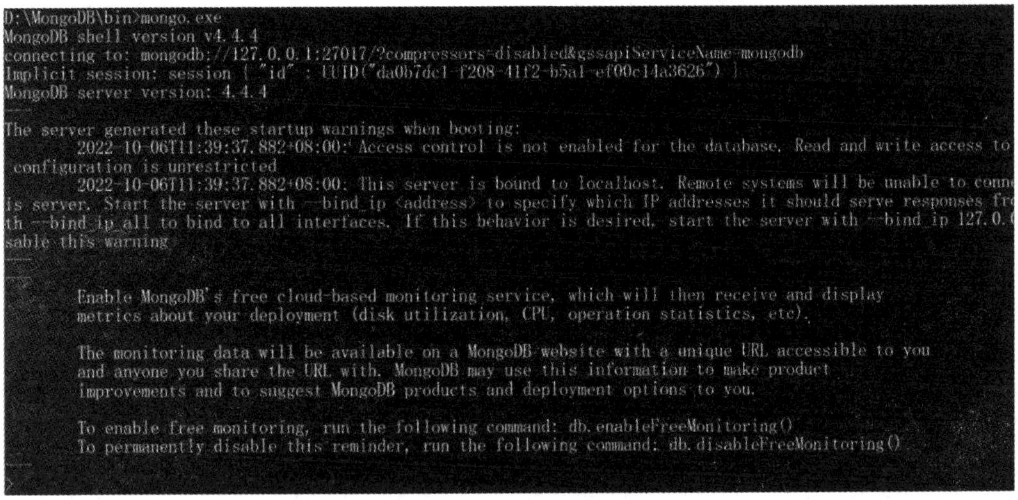

图 5-10　MongoDB 连接客户端

5.3.2　数据库操作

MongoDB 自带了一个功能强大的 JavaScript Shell,可以使用符合 JavaScript 语法的各种 MongoDB 命令来管理或操作 MongoDB。MongoDB 数据库初始安装完成后,默认的数据库是 Test,学习时可以在默认 Test 数据库上练习各种操作。

1. MongoDB 数据库的命名规则

1) 命名规则

MongoDB 数据库的命名要符合 UTF-8 标准的字符串,同时要遵循表 5-4 所示的注意事项。数据库最终会成为文件或目录(由是否配置 Directoryperdb 参数决定),数据库名就是文件或目录的名称,数据库命名的注意事项如表 5-4 所示。

表 5-4　MongoDB 数据库命名的注意事项

序　号	注　意　事　项
1	不能是空串
2	不得含有/、\、?、$及空格、空字符等,基本只能使用 ASCII 中的字母和数字
3	区分大小写,建议全部小写
4	名称最多为 64 字节
5	不得使用保留的数据库名,如 admin、local、config

UTF-8 标准提供包括中国在内的大多数国家语言的命名格式，在 MongoDB 数据库命名时也可以使用汉字作为数据库名，但是最好采用英文字母、数字、字符等为主的命名格式。

2）保留数据库

MongoDB 系统保留的数据库如表 5-5 所示。

表 5-5　MongoDB 系统保留的数据库

库　名	作　　用
admin	权限数据库，添加用户到该数据库中，该用户会自动继承数据库的所有权限
local	数据库中的数据永远不会被复制
config	分片时使用，保存分片信息
test	默认数据库，可以用来做各种测试等

2. 常用脚本

1）创建数据库

MongoDB 使用 use 命令创建数据库，如果数据库不存在，MongoDB 会在第一次使用该数据库时创建数据库。如果数据库已经存在，则连接数据库，然后可以在该数据库进行各种操作。例如：

```
>use test                        //进入测试库
>use mydb                        //进入测试库
>show dbs                        //dbs 不会被显示，因为还是空库
>db.test.insert({'name':'test'}) //在当前库的 test 集合下建立一条文档
>show dbs                        //dbs 会被显示
```

2）查看数据库

MongoDB 使用 show 命令查看当前数据库列表。例如：

```
>show dbs                        //可以在任意当前数据库上执行该命令
admin 0.000GB                    //保留数据库，admin
local 0.000GB                    //保留数据库，local
mydb 0.000GB
test 0.000GB                     //保留数据库，test
```

MongoDB 默认的数据库为 Test，如果没有创建新的数据库，集合将存储在 Test 数据库中。如果自定义数据库没有插入记录，则用户在查看数据库时是不会显示的，只有插入数据的数据库才会显示相应的信息。

3) 统计数据库信息

MongoDB 使用 stats 方法查看某个数据库的具体统计信息；注意对某个数据库进行操作之前，一定要用 use 切换至数据库，否则会出错。例如：

```
>use test                    //选择执行的 test 数据库
switched to db test          //use 执行后返回的结果
> db. stats ()               //统计数据信息
{
    "db" : "test",           //数据库名
    "collections" : 0,       //集合数量
    "views" : 0,
    "objects" : 0,           //文档数量
    "avgObjSize" : 0,        //平均每个文档的大小
    "dataSize" : 0,          //数据占用空间大小，不包括索引，单位为字节
    "storageSize" : 0,       //分配的存储空间
    "nuinExtents" : 0,       //连续分配的数据块
    "indexes" : 0,           //索引个数
    "indexsize" : 0,         //索引占用空间大小
    "fileSize" : 0,          //物理存储文件的大小
    "ok" : 1
}
```

4) 删除数据库

MongoDB 使用 dropDatabase 方法删除数据库。例如：

```
>use mydb                           //删除当前数据库
>db.dropDatabase ()                 //删除当前数据库
{ "dropped" : "mydb ","ok" : 1}     //显示结果删除成功
```

5) 查看集合

MongoDB 使用 getCollectionNames 方法查看当前数据库下的所有集合。例如：

```
>use test
>db.getCollectionNames ()           //查看当前数据下所有的集合名称
```

5.3.3　集合操作

MongoDB 的集合就相当于关系型数据库中的一个表。

1. 集合的命名

集合是一组文档，是无模式的，集合名称要求符合 UTF-8 标准的字符串，同时要遵循表 5-6 所示的注意事项。

表 5-6　MongoDB 集合命名的注意事项

序　号	注　意　事　项
1	集合名不能是空串
2	不能含有空字符\0
3	不能以"system."开头，这是系统集合保留的前缀
4	集合名不能含保留字符"$"

对于分别部署在 Windows、Linux、UNIX 系统上的 MongoDB，集合的命名方式与数据库命名方式一致。

2. 创建集合

1) 集合的创建

MongoDB 集合的创建有显式和隐式两种方法。

(1) 显式创建。

显式创建集合可通过 db.createCollection(name，options)方法来实现，其中，参数 name 指要创建的集合名称；options 是可选项，指定内存大小和索引等，表 5-7 描述了 options 可使用的选项。

表 5-7　options 可以使用的选项

参数	类型	描　　述
capped	boolean	(可选)如果为 true，则启用封闭的集合。上限集合是固定大小的集合，它在达到其最大值时自动覆盖其最旧的条目。如果指定 true，则还需要指定 size 参数
size	数字	(可选)指定集合的最大值(以字节为单位)。如果 capped 为 true，那么还需要指定次字段的值
max	数字	(可选)指定上限集合中允许的最大文档数

注意　在插入文档时，MongoDB 首先检查上限集合 capped 字段的大小，然后检查 max 字段。例如：

```
> db.createCollection("mySet", {capped:true,size:61428000, max :100000 })
```

(2) 隐式创建。

在 MongoDB 中，当插入文档时，如果集合不存在，则 MongoDB 会隐式地自动创建集合，例如：

```
> db.mySet2.insert( {"姓名": "李爱华"} )
```

当前数据库会自动创建 mySet2 集合。

创建集合后，可以通过 show collections 命令查看集合的详细信息，使用 renamecollection 方法可对集合重新命名。

删除集合可使用 drop 方法，具体代码如下：

```
> show collections;
> db.mySet.renameCollection("mySet3");
> db.mySet3.drop()
```

2）文档键的命名规则

文档是 MongoDB 中存储的基本单元，是一组有序的键值对集合。文档中存储的文档键必须是符合 UTF-8 标准的字符串，需注意的事项如下：

- 不能包含"\0"字符(空字符)，因为这个字符表示键的结束。
- 不能包含"$"和"."，因为"."和"$"是被保留的，只能在特定环境下使用。
- 键名区分大小写。
- 键的值区分类型(如字符串和整数等)。
- 键不能重复，在一条文档里起唯一的作用。

以上所有命名规则必须符合 UTF-8 标准；文档的键值对是有顺序的，相同的键值对如果有不同顺序，也是不同的文档。

例如，以下两组文档是不同的，前者因为值的类型不同，后者因为键名是区分大小写的。

```
{"年龄":"25"}{"年龄":25}
{ "age" : "25 "}{"Age":"25"}
```

3．插入文档

将数据插入 MongoDB 集合中使用的是 MongoDB 的 insert 方法；同时 MongoDB 针对插入一条还是多条数据，提供了更可靠的 insertOne 和 insertMany 方法。

MongoDB 向集合里插入记录时，无须事先对数据存储结构进行定义。如果待插入的集合不存在，则插入操作会默认创建集合。

在 MongoDB 中，插入操作以单个集合为目标，MongoDB 中的所有写入操作都是单个文档级别的原子操作。

向集合中插入数据的语法如下：

```
db.collection.insert(<document or array of documents>,
{
    writeConcern: <document>,                    //可选字段
```

```
          ordered: <boolean>                                    //可选字段
      }
  )
```

其中，db 代表当前数据库，collection 为集合名，insert 为插入文档命令。

参数说明：

- <document or array of documents>：表示可设置插入一条或多条文档。

- writeConcern:<document>：表示自定义写出错的级别，是一种出错捕捉机制。

- ordered:<boolean>：可选的，默认为 true，表示在数组中执行文档的有序插入。

插入不指定 "_id" 字段文档的代码如下：

```
> db.test.insert({"姓名":"李爱华","年龄":15 })
```

在插入期间，MongoDB 将创建 "_id" 字段并为其分配唯一的 ObjectID 值。

查看集合文档的代码如下：

```
> db.test.find()
{"_id":Objectlid("5bacac84bb5e8c5dff78dc21"),"姓名":"李爱华","年龄":19}
```

插入用户指定 "_id" 字段的文档，值 "_id" 必须在集合中唯一，以避免重复键错误，代码如下：

```
> db.test.insert({_id:123,,"姓名":"毕强军","年龄":18})
)
> db.test.find()
{"_id":Objectlid("5bacac84bb5e8c5dff78dc21"),"姓名":"李爱华","年龄":19}
{_id:123,"姓名":"毕强军","年龄":18}
```

MongoDB3.2 更新后新增了 insertOne 和 insertMany 两个插入命令；由于区分插入单值和多值，效率更高，是 MongoDB 推荐使用的插入数据命令。

使用 insertOne 插入一条文档的代码如下：

```
> db.test.insertOne({"姓名":"李爱华","年龄":15});
```

使用 insertMany 插入多条文档的代码如下：

```
> db.test.insertMany([
  {"姓名":"李爱华","年龄":19},
  {"姓名":"毕强军","年龄":18}
]);
```

4. 更新数据

MongoDB 使用 update 和 save 方法来更新(修改)集合中的文档。

Update 更新文档的基本语法如下：

```
> db.collection.update(<query>,<update>, { upsert, multi, writeConcern, collation })
```

参数说明：

- ＜query＞：设置查询条件。

- ＜ update＞：更新操作符。

- upsert：布尔型可选项，表示如果不存在 update 的记录，则是否插入这个新的文档。默认为 False，不插入。

- multi：布尔型可选项，默认是 False，只更新找到的第一条记录。如果为 True，则把按条件查询出来的记录全部更新。

- writeConcem：表示出错级别。

- collation：指定语言。

例如，插入多条数据后，使用 update 进行更改，代码如下：

```
> db.test.insertMany ([
    { "姓名":"李爱华", "年龄":19},
    { "姓名":"毕强军", "年龄":18},
    { "姓名":"张建国", "年龄":20}
]);
```

将"姓名"为"张建国"的年龄修改为 22，代码如下：

```
>db.test.update({"姓名":"张建国"},{ $set:{"年龄":22}}
```

MongoDB 另一个更新(修改)文档的方法是 save，语法格式如下：

```
>db.collection.save (obj)
```

其中，obj 代表需要更新的对象，如果集合内部已经存在一个与 obj 相同的"-id"的记录，则 MongoBD 会把 obj 对象替换为集合内已存在的记录；如果不存在，则会插入 obj 对象。

```
>db.test2.save({-id:1001,"姓名":"李爱华","年龄":19})
>db.test2.save({-id:1001,"姓名":"毕强军"})
```

上述代码会先插入一个"-id"为"1001"的记录，然后再执行 save 命令，会对前面插入的对象进行更新。注意和使用 insert 命令的区别，若新增数据的主键已经存在，则会提示主键重复，不保存当前数据。

```
>db.test2.insert({-id:1001,"姓名":"李爱华","年龄":19})
>db.test2.insert({-id:1001, "姓名":"毕强军"})              //抛出异常，不能执行
```

5. 删除数据

MongoDB 使用 remove 和 delete 方法来删除集合中的文档。

1) Remove 方法

如果不再需要 MongoDB 中存储的文档,可以通过 remove 方法将其永久删除。删除文档是永久性的, 既不能撤销, 也不能恢复。remove 方法可以接受一个查询文档作为可选参数来有选择性地删除符合条件的文档。remove 方法的基本语法格式如下:

```
>db.collection.remove(<query>,{justOne:<boolean>,writeConcern:<document>})
```

参数说明:

· query:必选项,设置删除文档的条件。

· justOne:布尔型的可选项,默认为 False, 删除符合条件的所有文档;如果设为 True, 则只删除一个文档。

· writeConcem:可选项, 设置抛出异常的级别。

例如, 插入 4 条数据的代码为:

```
> db.test3.insertMany ([
    {"姓名":"李爱华","年龄":19},
    {"姓名":"毕强军","年龄":18},
    {"姓名":"张建国","年龄":20},
    {"姓名":"李强","年龄":20}
    ]);
```

移除年龄为 20 的文档,执行以下操作后再查询,会发现两个文档记录均被删除:

```
>db.test3.remove({"年龄":20})
```

另外, 可以设置比较条件, 如下操作为删除"年龄"大于 18 的文档记录:

```
>db.test.remove({"年龄":{$gt:18}})
```

2) Delete 方法

和 insert 方法一样,MongoDB 提供了 deleteOne 和 deleteMany 两种方法删除文档, 例如:

```
db.test3.deleteMany({})              //删除集合下所有的文档
db.test3.deleteMany({"年龄" : 18 })   //删除年龄等于 18 的全部文档
db.test3.deleteOne({"年龄" : 18 })    //删除年龄等于 18 的第一个文档
```

6．查询数据

在关系型数据库中，可以实现基于表的各种各样的查询，以及通过投影来返回指定的列，相应的查询功能也可以在 MongoDB 中实现。同时，由于 MongoDB 支持嵌套文档和数组，MongoDB 也可以实现基于嵌套文档和数组的查询。

1）Find 方法简介

MongoDB 中查询文档使用 find 方法。find 方法以非结构化的方式来显示所要查询的文档，查询数据的语法格式如下：

```
>db.collection.find(query, projection)
```

其中，query 为可选项，设置查询操作符来指定查询条件；projection 也为可选项，表示使用投影操作符指定返回的字段，如果忽略此选项，则返回所有字段。

查询 Test 集合中的所有文档时，为了使显示的结果更为直观，可使用 pretty 方法以格式化的方式来显示所有文档，例如：

```
> db.test.find().pretty()
```

除了 find 方法，还可使用 findOne 方法，只返回一个文档。

2）查询条件

MongoDB 支持条件操作符，表 5-8 为 MongoDB 与 RDBMS 的条件操作符的对比，读者可以通过对比来理解 MongoDB 中条件操作符的使用方法。

表 5-8　MongoDB 与 RDBMS 的查询比较

操作符	格　式	实　例	与 RDBMS 的 where 语句比较
等于(=)	{<key> : {<value>}}	db.test.find({"年龄":24})	where 年龄=24
大于(>)	{<key> : {$gt :<value>}}	db.test.find({"年龄":{$gt:24}})	where 年龄>24
小于(<)	{<key> : {$lt:<value>}}	db.test.find({"年龄": {$lt:24}})	where 年龄<24
大于等于(>=)	{<key> :{$gte:<value>}}	db.test.find({"年龄":{$gte:24}})	where 年龄>=24
小于等于(<=)	{<key> : {$lte:<value>}}	db.test.find({"年龄": {$lte:24}})	where 年龄<=24
不等于(!=)	{<key> : {$ne:<value>}}	db.test.find({"年龄": {$ne: 24}})	where 年龄!=24
与(and)	{key01: value01, key02 : value02, ...}	db.test.find({"姓名":"王建国","年龄":24})	where name = "王建国" and 年龄=24
或(or)	{$or: [{key01: value01}, {key02: value02}, ...]}	db.test.find({$or:[{"姓名":"王建国"},{"年龄":24}]})	where name = "王建国" or 年龄=24

3) 查询实例

下面，对 find 方法的条件及数组查询进行实例操作，先插入数据：

```
> db.test.remove({})

> db.test.insertMany([

    { "姓名" : "李爱华","年龄" : 19,"爱好":["打游戏","动漫","轮滑"]},

    { "姓名" : "毕强军", "年龄" : 18,"爱好":["游泳","爬山","篮球","跑步"]},

    { "姓名" : "李强", "年龄" : 20,"爱好":["睡觉","打游戏"]}

]);
```

查询"年龄"为 20 的字段：

```
> db.test.find( "年龄":20})
```

查询数组：

```
> db.test.find({"爱好":["睡觉","打游戏"]})

{ "_id" : ObjectId("63423067cea4bfb4be0d981f"), "姓名" : "李强", "年龄" : 20, "爱好" :
[ "睡觉","打游戏" ] }
```

查询有 3 个爱好的同学：

```
> db.test.find({"爱好":{$size:3}})

{"_id" : ObjectId("63423067cea4bfb4be0d981d"),   "姓名" : "李爱华","年龄" : 19, "爱
好" : [ "打游戏","动漫","轮滑"]}
```

查询数组里的某一个值：

```
> db.test.find({"爱好":"跑步"})

{"_id":ObjectId("63423067cca4bfb4be0d981e"), "姓名":"毕强军", "年龄":18, "爱好": ["
游泳","爬山","篮球","跑步"]}
```

Limit 函数与 SQL 中的作用相同，用于限制查询结果的个数，如下语句只返回 3 个匹配的结果。若匹配的结果不到 2 个，则返回匹配数量的结果。

```
> db.test.find().limit(2)
```

Skip 函数用于略过指定个数的文档，如略过第 1 个文档，返回后 2 个：

```
> db.test.find().skip(1)
```

Sort 函数用于对查询结果进行排序，1 是升序，-1 是降序，如将查询结果升序显示：

```
> db.test.find().sort({"年龄":1})
```

$regex 操作符用来设置匹配字符串的正则表达式，不同于全文检索，使用正则表达式无须进行任何配置。如使用正则表达式查询姓名含有"强"字的文档，

并只返回"姓名"的键值对数据：

```
> db.test.find({"姓名":{$regex:"强"}},{"姓名":1})
{"_id":ObjectId("63423067cea4bfb4be0d981e"), "姓名":"毕强军"}
{"_id":ObjectId("63423067cea4bfb4be0d981f"), "姓名":"李强"}
```

5.3.4　索引操作

和关系型数据库一样，索引的作用是提升查询效率。在查询操作中，如果没有索引，MongoDB 会扫描集合中的每个文档，以选择与查询语句匹配的文档。如果查询条件带有索引，MongoDB 将扫描索引，通过索引确定要查询的部分文档，而非直接对全部文档进行扫描，效率更高。

MongoDB 中创建索引的语法如下：

```
> db.collection.ensureIndex(<keys>,<options>)
```

其中，options 为创建索引时定义的索引参数，可选参数如表 5-9 所示。

表 5-9　可选的索引参数

参　数	类　型	描　述
backgroud	Boolean	是否后台进行创建索引过程，默认为 False，当集合数据量大时，前台创建索引需要大量的时间并阻塞其他数据库操作，建议设置为 True 进行后台创建
unique	Boolean	建立的索引是否唯一，默认为 False；指定为 True，创建唯一索引
expireAfterSeconds	Integer	指定一个以秒为单位的数据，完成 TTL 设定，设定集合的生存时间
name	String	索引的名称

1) 单键索引

对于单字段索引和排序操作，索引键的排序顺序(即升序或降序)并不重要，因为 MongoDB 可以在任意方向上遍历索引。

创建单键索引的语法格式如下：

```
>db.collection.createIndex({key:1}, <options>) //1 为升序，-1 为降序
```

例如，插入一个文档，并在 score 键上创建索引：

```
>db.test.createIndex({"年龄":1})
```

可以使用 MongoDB 的 explain 函数查看建立索引前后的执行过程差异，如图 5-11 所示。查询诊断工具 explain 函数能够提供大量的与查询相关的信息，该函数

会返回查询计划、执行状态、服务器信息，根据这些信息可以有针对性地对查询语句性能进行优化。

```
> db.test.find({'年龄':20}).explain()
{
	"queryPlanner" : {
		"plannerVersion" : 1,
		"namespace" : "ceshi.test",
		"indexFilterSet" : false,
		"parsedQuery" : {
			"年龄" : {
				"$eq" : 20
			}
		},
		"queryHash" : "F24985AF",
		"planCacheKey" : "F24985AF",
		"winningPlan" : {
			"stage" : "COLLSCAN",
			"filter" : {
				"年龄" : {
					"$eq" : 20
				}
			},
			"direction" : "forward"
		},
		"rejectedPlans" : [ ]
	},
	"serverInfo" : {
		"host" : "dave",
		"port" : 27017,
		"version" : "4.4.4",
		"gitVersion" : "8db30a63db1a9d84bdcad0c83369623f708e0397"
	},
	"ok" : 1
}
```

```
> db.test.find({'年龄':20}).explain()
{
	"queryPlanner" : {
		"plannerVersion" : 1,
		"namespace" : "ceshi.test",
		"indexFilterSet" : false,
		"parsedQuery" : {
			"年龄" : {
				"$eq" : 20
			}
		},
		"queryHash" : "F24985AF",
		"planCacheKey" : "AF8B39DA",
		"winningPlan" : {
			"stage" : "FETCH",
			"inputStage" : {
				"stage" : "IXSCAN",
				"keyPattern" : {
					"年龄" : 1
				},
				"indexName" : "年龄_1",
				"isMultiKey" : false,
				"multiKeyPaths" : {
					"年龄" : [ ]
				},
				"isUnique" : false,
				"isSparse" : false,
				"isPartial" : false,
				"indexVersion" : 2,
				"direction" : "forward",
				"indexBounds" : {
					"年龄" : [
						"[20.0, 20.0]"
					]
				}
			}
		},
		"rejectedPlans" : [ ]
	},
	"serverInfo" : {
		"host" : "dave",
		"port" : 27017,
		"version" : "4.4.4",
		"gitVersion" : "8db30a63db1a9d84bdcad0c83369623f708e0397"
	},
	"ok" : 1
}
```

图 5-11 MongoDB 索引建立前后查询语句执行过程对比

2) 复合索引

MongoDB 支持复合索引，其中复合索引结构包含多个字段。复合索引支持在多个字段上进行的匹配查询，语法结构如下：

```
db.collection.createIndex ({ <key1>:<type>,<key2> : <type2>,...},<options>)
```

需要注意的是，在建立复合索引的时候一定要注意顺序，顺序不同，将导致查询的结果也不相同。以下语句将在“姓名”和“年龄”上创建复合索引：

```
>db.test.createIndex ({ "姓名": 1, "年龄": 1 })
```

其他常用索引命令包括：

```
db.test.getIndexes();                 //查看索引
db.test.getIndexKey();                //查看集合的 key
db.test.getIndexSpecs();              //查看索引详情
db.test.totalIndexSize(is_detail);    //查看索引大小，is-detail 可选，可传 0、1、true, false
db.test.reIndex(); //重建索引，可减少索引存储空间，减少索引碎片，优化索引查询效率
db.test.dropIndex('索引名')           //按名称删除索引
db.集合名.dropIndexes();              //删除所有的自建索引
```

　　文档数据库是目前工业界使用非常广泛的一种非关系型数据库，关系型数据库可以无缝地移植到文档数据库。MongoDB 的数据模型中键值对、文档和集合等是其特有概念，是文档模型的一部分。MongoDB 操作简单、功能强大，在很多场景下替换了关系型数据库 MySQL。除 MongoDB 外，还有 CounchDB 等文档数据库产品，有兴趣的读者可以自行学习。

第 6 章

图数据库

6.1 概　述

我们使用互联网时，经常使用的就是搜索引擎。现在的搜索引擎已经足够聪明，能够一定程度上理解你的问题，并给出正确的答案。以常用的百度为例，输入"歼 20 是哪个单位生产的"，可以看出，搜索引擎正确识别了你的意思，给出了你想要的答案，如图 6-1 所示。

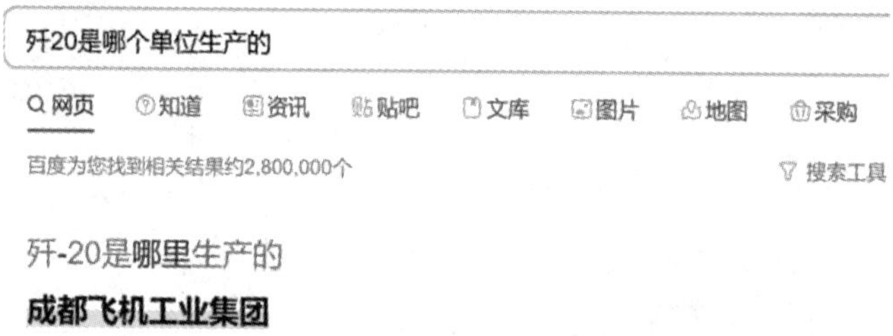

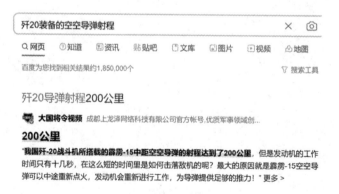

图 6-1　基于问答的搜索示例 1

我们继续考验一下百度搜索引擎，输入"歼 20 装备的空空导弹射程"，看到如图 6-2 所示的答案。搜索引擎似乎比我们想象的还要聪明，它能够理解较为复杂的问题。

图 6-2　基于问答的搜索示例 2

搜索引擎为什么这么聪明呢？原因就是各大搜索引擎公司都建立了自己的知识图谱。谷歌副总裁阿密特·辛格博士在介绍知识图谱时说："Knowledge Graph:Things, not Strings"。由简单的、没有语义的"字符串"演化为有关联、有语义的"事物"，这是互联网的一大进步，也称为从"Document Web"到"Data Web"。

知识图谱的建立最基础的工作就是找到节点和关系。比如"歼 20""成都飞机工业公司"是两个节点，"生产"就是两个节点的关系。节点和关系都可以带有一些属性，属性一般以前面学过的键值对形式出现，以满足更多信息的管理需求。比如"霹雳-15 中距空空导弹"节点，可以有"飞行速度：4 马赫""最大射程：200 公里"等属性；"装配"关系，可以有"装载数量：4 枚""装载位置：弹仓"等属性。上述节点和关系以"图"的方式绘制，可以得到图 6-3。

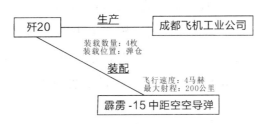

图 6-3　节点和关系构建示例

早在 2016 年，谷歌公司就宣称其知识图谱中构建了 5.7 亿个实体，包括 1500 个类别、3.5 万种关系，知识三元组的数量达到了 600 亿条。2020 年，百度公司宣布构建了世界上最大规模的知识图谱，拥有超过 50 亿个实体，5500 亿条事实数据。

除了知识图谱，社交软件的飞速发展和普及也带来了网络数据的爆发。截至 2021 年，世界最大社交软件 Facebook 用户超 30 亿，月活跃用户 28 亿，每天要处理 25 亿条消息、500 + TB 的数据。中国第一大社交软件月活跃用户达到 12.6 亿，微博月活跃用户为 5.73 亿。以微博为例，一条以博取眼球为目的的谣言帖，发帖内容在 30 分钟内可能得到数百万次的转发或复制，如何在数百万次的转发路径中找到始作俑者？如此巨大的用户规模，如何建立用户网络，并高效分析其好友、关注、收藏、点赞、评论等多种关系？诸多问题，都是互联网企业不得不面对的新挑战。

由海量节点及其关系数据组成的巨大网络数据，其数据模型不同于一般的关系型数据，也不同于简单的键值对数据，一般数据库很难实现高效管理，需要一种新的数据库产品来专门应对，因此图数据库应运而生。

6.2 图 模 型

6.2.1 图论

图模型的基础源于图论，这里的"图"不同于图片和图像的"图"，英文为"Graph"，更符合中文语境下的"网络"的意思，是一种数据结构。图论(Graph Theory)是离散数学的一个分支，有着形式化的定义方法。

图论起源于一个著名的数学问题——柯尼斯堡(Konigsberg)问题，即七桥问题。七桥问题是 18 世纪著名古典数学问题之一。如图 6-4 所示，在哥尼斯堡(今天的俄罗斯加里宁格勒市)的一个公园里，有七座桥将河中两个岛以及岛与河岸连接起来，问是否可能从这 4 块陆地中的任意一块出发，恰好通过每座桥一次，再回到起点。1738 年，著名的数学家欧拉解决了这个问题，他也成为了图论的创始人。

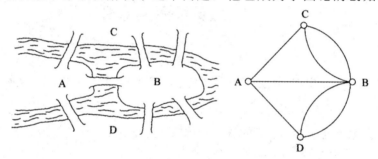

图 6-4　七桥问题

欧拉把它转化成一个几何问题——一笔画问题。他不仅解决了此问题，且给出了连通图可以一笔画的充要条件是：奇点的数目不是 0 个就是 2 个。连到一点的数目如果是奇数条，就称为奇点，如果是偶数条就称为偶点。要想一笔画成，必须中间点均是偶点，也就是有来路必有另一条去路。奇点只可能在两端，因此任何图能一笔画成，奇点要么没有，要么在两端。七桥问题转换为简化的图形后，可以发现 A、B、C、D 都是奇点，因此无法完成从一个顶点出发，遍历每条边各一次然后回到这个顶点的任务。

图论中，图是由顶点集合(简称点集)和顶点间的边(简称边集)组成的数据结构，通常用 G(V，E)来表示。其中点集用 V(G)来表示，边集用 E(G)来表示。在无向图中，边连接的两个顶点是无序的，这些边被称为无向边。图 6-5(a)中，这个无向图 G，其点集为 V(G) = {1，2，3，5，6}，边集为 E(G) = {(1，2)，(2，3)，(1，5)，(2，6)，(5，6)}。

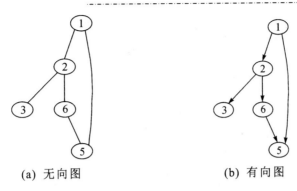

(a) 无向图　　　　　　　　　(b) 有向图

图 6-5　有向图和无向图

在有向图中，边连接的两个顶点之间是有序的。箭头的方向就表示有向边的方向。如图 6-5(b)所示，其点集为 V(G′) = {1，2，3，5，6}，边集为 E(G′) = {(1，2)，(2，3)，(2，6)，(6，5)，(1，5)}。对于每条边(u，v)，我们称其为从 u 到 v 的一条有向边，u 是这条有向边的起点，v 是这条有向边的终点。注意在有向图中，(u，v)和(v，u)是不同的两条有向边。

在无向图中，顶点的度是指某个顶点连出的边数。如图 6-5(a)所示，顶点 1 的度数为 2，顶点 2 的度数为 3。在有向图中，和度对应的是入度和出度这两个概念。顶点的入度是指以该顶点为终点的有向边数量；顶点的出度是指以顶点为起点的有向边数量。需要注意的是，在有向图里，顶点是没有度的概念的。如图 6-5(b)所示，顶点 1 的出度为 2，入度为 0；顶点 2 的出度为 2，入度为 1。

可以看出，在无向图或有向图中，顶点的度数总和为边数的两倍。而在有向图中，有一个很明显的性质就是，总的入度等于出度。

6.2.2　网络模型

图论是从几何和离散数据的角度看待问题。从数据库的角度，根据数据的组织方式，也有 3 种经典的数据模型：层次模型、网状模型和关系模型。

三者之间的根本区别在于数据之间联系的表示方式不同(即记录型之间的联系方式不同)。层次模型以"树结构"表示数据之间的联系，网状模型是以"图结构"来表示数据之间的联系，关系模型是用"二维表"(或称为关系)来表示数据之间的联系的。

关系模型是目前应用最广泛的一种数据模型。大多数计算机相关专业都会学习一门数据库课程，就是以关系代数、关系模型和关系型数据库产品使用为主要内容的。关系模型建立在严格的数学概念基础上，采用二维表格结构来表示实体和实体之间的联系。二维表由行和列组成。

我们讨论的图数据，属于网络模型，也是层次模型的一种扩展，有必要简单了解一下这两种模型。

1. 层次模型

层次模型是数据库系统最早使用的一种模型，它的数据结构是一棵"有向树"。根节点在最上端，层次最高，子节点在下，逐层排列。层次模型是单根模型，有且仅有一个节点没有父节点，就是根节点；其他节点有且仅有一个父节点，有且仅有一条从父节点通向自身的路径。

例如在图 6-6 中，学校的行政管理架构是系→教研室→教员、系→学生，则可以建立如下模型。

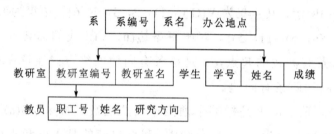

图 6-6　层次模型示例

层次数据模型的结构简单、清晰、明朗，很容易看到各个实体之间的联系，操作层次数据类型的数据库语句比较简单，查询效率较高。但其表达的数据结构简单，缺乏灵活性，不能表达复杂的对应关系。

2. 网络模型

网络模型，也称网状模型，可以看作是层次模型的一种扩展，它采用网状结构表示实体及其之间的联系。网状结构的每一个节点代表一个记录类型，记录类型可包含若干字段，联系用链接指针表示，去掉了层次模型的限制。网状模型可以表示多个从属关系的联系，也可以表示数据间的交叉关系，即数据间的横向关系与纵向关系。网状模型允许节点有多于一个父节点，可以有一个以上的节点，没有父节点。

同样以学校教务系统为例，可以存在专业、教研室、课程、学生、教师等多个实体，其间也包括多个关系，如图 6-7 所示。

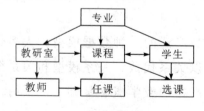

图 6-7　网络模型示例

网状模型可以方便地表示各种类型的联系，但结构复杂，实现难度较大。虽然出现比关系模型早，但因为早期数据较少，应用场景受限，很快就让位给关系模型。但随着互联网的发展，社交网络的兴起，为解决大规模网络化数据的存储和管理需求，网络模型再次焕发青春，出现了大量图数据库产品。

6.2.3 图数据库

图数据库是专门针对实体和实体之间关系的数据结构进行存储、查询和分析的数据库产品。图数据库对海量图数据的处理相对于传统关系型数据库有着明显优势。*Neo4j in Action* 一书的作者做过实验，在一个包含 100 万人、每个人约有 50 个朋友的社交网络中，找最大深度为 5 的朋友的朋友(即朋友 A 的朋友 B 的朋友 C 的朋友 D 的朋友 E)。在相同的硬件条件下，分别在关系型数据库 MySQL 和图数据库 Neo4j 中做了测试，结果如表 6-1 所示。

表 6-1 社交网络测试数据在 MySQL 和 Neo4j 中的查询差异

深 度	MySQL 查询时间 / s	Neo4j 查询时间 / s	返回结果数
2	0.016	0.01	～2500
3	30.267	0.168	～110 000
4	1543.505	1.359	～600 000
5	未完成	2.132	～800 000

可以看到,深度为 2 时关系型数据库和图数据库两种数据库的性能差别不大，都能迅速返回结果；当深度为 3 时，关系型数据库需要 30 s 完成查询，图数据库只需要 0.1 s；当深度为 4 时，关系型数据库耗费了接近半小时返回结果，图数据库不到 2 s；而当深度达到 5 以后，关系型数据库就迟迟无法响应了，图数据库却依旧可以在 2 s 返回，表现出了非常好的性能。

图数据库一般采用属性图模型来管理数据。属性图一般由下面几种元素构成：

(1) 节点(Node)：节点表示一个具体事务，可以是人、物或其他任何需要管理的事物，对应着图论中的顶点。

(2) 关系(Relationship)：关系表示节点之间的关系，即图论中的边。关系是有向的，关系的两端是起始节点和结束节点，通过有向的箭头来标识方向，节点之间的双向关系通过两个方向相反的关系来标识。

(3) 属性(Property)：节点和边都可以有自己的属性,用于描述节点或边的特征。

(4) 标签(Lable)：标签是对事物类型的抽象。大规模网络中节点众多，可以用人们熟悉的分类方式对具体事务进行分类。节点可有零个、一个或多个标签。图数据库可以利用标签进行检索和个性化显示节点。

可以用一张图来表示属性图的概念组成，如图 6-8 所示。

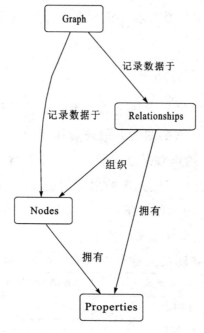

图 6-8　图数据库的概念组成

目前我国图数据库领域自主创新发展非常快，很多互联网公司都有成熟的图数据库产品。比如蚂蚁集团的 TuGraph，百度的 BGraph 和 HugeGraph 等。其中 TuGraph 集成了蚂蚁集团和清华大学图数据库两个团队的优势，无论从功能的完整性、吞吐率、响应时间等技术指标，还是应用领域，都达到了世界领先水平。2020 年，TuGraph 成为图数据库基准性能测试 LDBC-SNB 世界纪录保持者，性能领先第二名 7.6 倍；2022 年 8 月，TuGraph 在最新一次的 LDBC-SNB 测试中，再一次打破世界纪录，吞吐率较上一次官方纪录提升了 52%，也超过了两年前由自身保持的世界纪录 1 倍以上，再次体现了 TuGraph 高并发低延迟的强大性能优势。

目前国际上就流行度而言，最常用的图数据库是 Neo4j。后续，将以 Neo4j 为例进行介绍。

6.3　图数据的存储

常用的图存储结构有两种，即顺序存储结构(顺序表)和链式存储结构(链表)。顺序表的特点是把逻辑上相邻的节点存储在物理位置上相邻的存储单元中，节点之间的逻辑关系由存储单元的邻接关系来体现。而在链表中，逻辑上相邻的数据元素，物理存储位置不一定相邻，元素之间的逻辑关系用指针实现。另外，顺序表的存储空间需要预先分配，链表的存储空间是动态分配的。

6.3.1　邻接矩阵

邻接矩阵存储结构是每个顶点用一个一维数组存储边的信息，这样所有点合起来就是用矩阵表示图中各顶点之间的邻接关系，所以邻接矩阵也是二维数组。

对于有 n 个顶点的图 G = (V，E)来说，我们可以用一个 n×n 的矩阵 **A** 来表示 G 中各顶点的相邻关系，如果 v_i 和 v_j 之间存在边(或弧)，则 $A_{[i][j]} = 1$，否则 $A_{[i][j]} = 0$。图 6-9 为有向图 G1 和无向图 G2 对应的邻接矩阵。

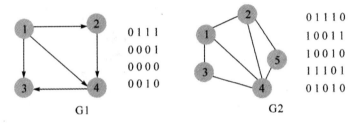

图 6-9　有向图和无向图的邻接矩阵定义

一个图的邻接矩阵是唯一的，矩阵的大小只与顶点个数 n 有关，是一个 n×n 的矩阵。无向图的邻接矩阵是一个对称矩阵。

在前面，图中的边都只是用来表示两个点之间是否存在关系，而没有体现出两个点之间关系的强弱。比如在社交网络中，不能单纯地用 0 或 1 来表示两个人是否为朋友。当两个人是朋友时，有可能是很好的朋友，也有可能是一般的朋友，还有可能是不熟悉的朋友。

可以用一个数值来表示两个人之间的朋友关系强弱，两个人的朋友关系越强，对应的值就越大。而这个值就是两个人在图中对应的边的权值，简称边权。对应的图我们称之为带权图。

图 6-10 就是一个带权图，可以把每条边对应的边权标记在边上，附带更多信息。

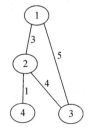

图 6-10　带权图

6.3.2　邻接表

邻接表的思想也很简单，对于图中的每一个顶点，用一个数组来记录这个点和哪些点相连。由于相邻的点会动态地添加，所以对于每个点，我们需要用数组来记录。

以图 6-11 为例，构成了一个简单的邻接表。表的第一列表示节点的标号，后续的列表示与第一列节点临接的节点标号，如第一行"0 1 2"表示标号为 0 的节点，和标号为"1"和"2"的节点相邻。第四行"3 2 0 4"表示标号为 3 的节点，和标号为"2""0"和"4"的节点相邻。

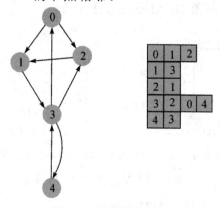

图 6-11　邻接表示例

邻接表的优点是节省空间，当图的节点数很多、边数量很少时，如果用邻接矩阵，就需要一个很大的二维数组。而用邻接表，最后存储的数据量只是边数的两倍，比二维数组要节省不少空间。

空间和效率不可兼得，邻接表在随机访问上不如邻接矩阵。因此，需要对不同的应用情景选择不同的存储方法。如果是稀疏图(节点很多、关系很少)，一般用邻接表；如果是稠密图(节点很少、关系很多)，一般用邻接矩阵。

6.4　图数据的检索

不同于关系型数据库拥有标准而规范的结构化查询语言(Structured Query Language，SQL)语言，图数据库的操作语言和其产品一样，还处于百花齐放阶段。国际 SQL 标准委员会已启动图查询语言(Graph Query Language，GQL)标准的制定工作，但图数据库各厂商对该标准的支持力度和实现程度还有待观察。

目前主要有两种图查询语言：塞弗(Cypher)和格林(Gremlin)。

Cypher 是图数据库 Neo4j 提出并实现的一种高效类 SQL 语言，用于图数据和关系查询。它的意思和"密码"无关，Neo4j 的开发者是一部老电影《黑客帝国》的忠实影迷，"Cypher"取自其中的一个角色的名称。不仅如此，Neo4j 自带的例子也以电影为例子展开。Cypher 允许对图形存储进行表达性和高效查询，而无须编写图形结构遍历代码。它与 SQL 相似，也提供 create、drop 等命令，也是一种声明式语言。

Gremlin 的本意是"精灵"，是 Apache 顶级项目 ThinkerPop 框架下的图遍历语言。ThinkerPop 是一款开源图计算框架，并不是一个图数据库产品。各个图数据库厂商可以通过实现 ThinkerPop 框架开发自己的图数据库产品。Gremlin 基于 Groovy 语言，也支持 Java、JavaScript、Python 等多种现代编程语言。Gremlin 的语法风格和 SQL 完全不同，面向对象编程提供 g.V、g.addV 等方法来操作图对象。基于 ThinkerPop 框架的开放性，目前支持 Gremlin 标准的图数据库很多，包括 Janus Graph 和前面介绍的阿里图数据库等。

6.5　图数据库 Neo4j

6.5.1　概况

Neo4j 是一款强健、可伸缩、高性能、开源的数据库，基于 Java 语言开发，如图 6-12 所示。2010 年其 1.0 版本问世，经过十余年的发展，其最新版本已到 4.0。根据 DB-Engines 最新的数据库流行度排名(db-engines.com/en/ranking)，Neo4j 是目前使用最为广泛的图数据库。

图 6-12　Neo4j 的标识

作为一款专门处理图数据的 NoSQL 数据库，Neo4j 具有以下几个特点：

(1) 高性能的原生图数据库。不同于传统数据库是在图计算功能上的拓展，Neo4j 是一款用 Java 语言开发的纯粹图数据库，对高吞吐量的图数据存储和管理做了专门优化。关系型数据库中连接操作的检索性能随着关系数量的增加呈指数级的下降，而 Neo4j 用关系代表实体之间的连接，从一个节点到另一个节点的导航性能是线性增加。其官网宣称可以支持百亿级的节点和关系数，轻松地实现每毫秒遍历 2000 条(每秒 200 万条)关系。

(2) 灵活的属性图模型和 Cypher 查询语句。Neo4j 实现了属性图的管理。Cypher 是 Neo4j 的声明式图形查询语言，语法和 SQL 类似，也称为 CQL，允许用户不必编写图形结构的遍历代码，就可以对图形数据进行高效的查询，也可以创建、更新、删除节点和关系，通过模式匹配来查询节点和关系，管理索引和约束。

(3) 完整的事务支持。Neo4j 确保了在一个事务里的多个操作同时发生，保证数据的一致性。无论是采用嵌入模式还是多服务器集群部署，Neo4j 都支持这一特性。

(4) 可扩展和高可用性。Neo4j 可以方便地在数十台机器组成的集群进行分布式部署，配置主从设备。通过配置 ZooKeeper，当主节点故障时，可以自动重新选出主节点，保持服务器集群的正常运营，保证集群的高可用性。

6.5.2　安装使用

我们可以从 Neo4j 官网(www.neo4j.org)下载最新版的 Neo4j 产品。这里选择 Windows 环境下安装的 Zip 包。以 Neo4j-community-4.0.11-windows.zip 包为例，首先将其解压到 D 盘根目录。

配置好 Java 环境变量后，打开 Windows 控制台，运行 neo4j.bat console 命令，即可启动。启动成功界面如图 6-13 所示。

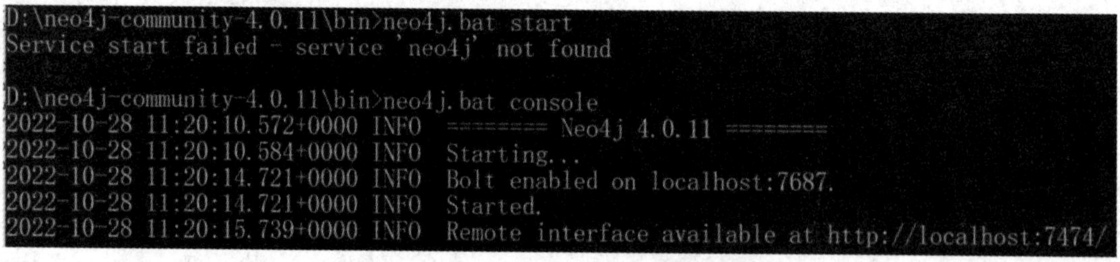

图 6-13　Neo4j 的启动

可以看到 7687 端口已经开始侦听，且提示可以从浏览器打开"http://localhost:7474/"主页进行 Web 访问。

第一次登录 Neo4j，会提示输入默认的数据库名称、用户及口令。这里，数据库选择默认不输入，用户名和口令分别输入其预定义好的"neo4j/neo4j"，如图 6-14 所示。

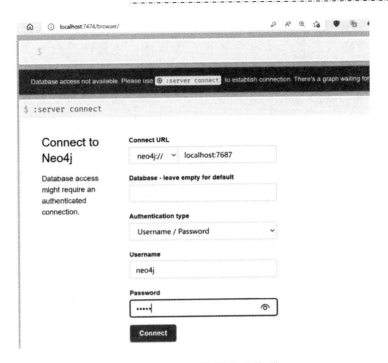

图 6-14　Neo4j 设置登录选项

　　点击登录后，提示修改默认口令，输入一个常用的口令，点击修改，会进入
Neo4j 的管理界面。

　　运行其自带的电影案例，看到 Neo4j 可以进行图数据可视化，如图 6-15 所示。

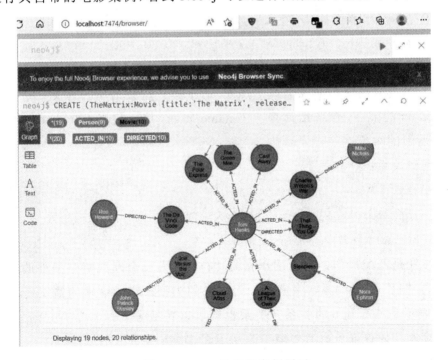

图 6-15　Neo4j 自带案例展示

下面进行 Cypher 语句演示。尝试建立图 6-16 所示的结构，"毕强军"作为一个学生节点，拥有"籍贯""出生年月"等属性；"就读"代表节点"毕强军"和节点"陆军工程大学"的关系，拥有"入学时间"属性；"毕强军"选修了"数据库原理与应用"课程，"成绩"为"95"；"毕强军"有个战友"李爱华"也选修了这门课。可以看出，图数据模型像"白板"一样，可以直观勾画不同类型数据之间的关系，在处理海量节点的复杂关系时非常具有优势。

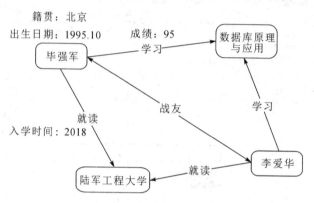

图 6-16　Cypher 演示图结构示例

下面使用 Cypher 来操作 Neo4j，创建节点和关系，实现图中的部分图数据存储。

(1) 创建一个人物节点：

```
CREATE (n:Person {name:'毕强军'}) RETURN n
CREATE (n:Person {name:'李爱华'}) RETURN n
CREATE (n:University{name:'陆军工程大学'}) RETURN n
```

CREATE 是创建操作，Person 和 University 是标签，代表节点的类型。花括号"{}"代表节点的属性，属性类似 Python 的字典。这条语句的含义就是创建一个标签为 Person 的节点，该节点具有一个 name 属性，属性值是"毕强军"。RETURN 是指定要返回的对象。

(2) 创建关系：

```
MATCH (a:Person{name:'毕强军'}),
        (b:University{name:陆军工程大学})
MERGE (a)-[:就读{入学时间:2018}]->(b)
```

MATCH 是匹配操作，后面的小括号"()"代表一个匹配特定条件的节点。这里的方括号"[]"即为关系，"就读"为关系的类型。注意这里的箭头"->"是有方向的，表示是从 a 到 b 的关系。关系也可以以花括号"{}"方式增加属性。

(3) 检索，如查询所有有"就读"关系的节点：

```
MATCH (n)-[:就读]-() RETURN n
```

可以看出，虽然 Cypher 语句和 SQL 的语法不同，但也能直观地表示节点和关系图模型，用户以便于阅读的方式进行问题(或目标)描述，只关注要什么，而无须知道怎么做，这一设计理念和 SQL 是一致的。

图数据库是一种专门处理复杂网络数据的数据库产品。目前主流的图数据库都支持属性图，即包括节点、关系、属性和标记等数据组织要素。图数据库的组织像"白板"一样自然，是处理以关系为核心要素的数据结构的利器。Neo4j 作为最流行的图数据库产品，安装、操作十分简单，非常适合上手运行，我们通过本章学习，了解了图数据库的功能，也对其有了一个感性认识。

参 考 文 献

[1] 林子雨. 大数据技术原理与应用. 2 版. 北京：人民邮电出版社，2017.

[2] WHITE T. Hadoop 权威指南. 中文版，王海，等译. 北京：清华大学出版社，2017.

[3] KLEPPMANN M. 数据密集型应用系统设计. 中文版. 赵军平，等译. 北京：中国电力出版社，2018.

[4] 王宏志，何震瀛，王鹏，等. 大数据管理系统原理与技术. 北京：机械工业出版社，2020.

[5] KHURANA A. HBase 实战. 谢磊，译. 北京：人民邮电出版社，2013.

[6] BRADSHAW S. MongoDB 权威指南. 牟天垒，王明辉，译. 北京：人民邮电出版社，2021.